王伯胜 高 翔 编著

黄花菜
绿色栽培技术

中国农业大学出版社
·北京·

内 容 摘 要

黄花菜具有菜药兼用的特点，是我国的特色蔬菜之一，有着悠久的栽培历史、丰富的品种和巨大的市场价值。本书分析了我国黄花菜产业的主要问题和对策，从黄花菜生物学特性的角度讲述了黄花菜的田间栽培模式及相应的典型案例，同时讲述了黄花菜的加工技术和应用价值。

图书在版编目(CIP)数据

黄花菜绿色栽培技术 / 王伯胜，高翔编著. —北京：中国农业大学出版社，2018.9(2021.2 重印)

ISBN 978-7-5655-2104-1

Ⅰ.①黄… Ⅱ.①王…②高… Ⅲ.①黄花菜-蔬菜园艺 Ⅳ.①S644.3

中国版本图书馆 CIP 数据核字(2018)第 208781 号

书　　名　黄花菜绿色栽培技术

作　　者　王伯胜　高翔　编著

策划编辑　孙　勇　张秀环　　责任编辑　孙　勇

封面设计　朱丽华

出版发行　中国农业大学出版社

社　　址　北京市海淀区圆明园西路 2 号　　邮政编码　100193

电　　话　发行部 010-62818525，8625　　读者服务部 010-62732336

　　　　　编辑部 010-62732617，2618　　出　版　部 010-62733440

网　　址　http://www.caupress.cn　　E-mail　cbsszs@cau.edu.cn

经　　销　新华书店

印　　刷　北京虎彩文化传播有限公司

版　　次　2018 年 9 月第 1 版　　2021 年 2 月第 3 次印刷

规　　格　880×1 230　　32 开本　　4.5 印张　　90 千字

定　　价　25.00 元

目　录

第 1 章　黄花菜的概况

黄花菜，又名金针菜、忘忧草，学名萱草，百合科萱草属宿根多年生草本植物，其食用部分为花蕾，是我国的特色蔬菜之一。在国内蔬菜市场上，因其具有药食兼用的特点，为素食中的上品，与香菇、木耳、冬笋一起被称为蔬菜中的“四大珍品”，越来越受人们的青睐，消费量呈逐年上升态势。

第一节　黄花菜的栽培史

黄花菜原产亚洲和欧洲，中国山地有野生种。黄花菜在中国自古就有栽培，最早记载可见《诗经·卫风·伯兮》篇，有“焉得谖草，言树之背”之句。谖草，即萱草。晋代周处（236—297 年）编著的《风土记》中有“宜男，妊妇佩之必生男，又名萱草”。晋太子太傅丞崔豹编撰的《古今注》（公元 290 年）载“欲望人之忧，则赠以丹棘（萱草）”。古人又称萱草为忘忧草，文人志士常借用其安神忘忧的特点写诗作赋，抒发情怀。宋苏颂《图经本草》（1061 年）记载："萱草处处田野有之，五月采花，八月采根。今人多采其嫩苗及花跗作为菹食"，表明当时"萱草"处于野生，尚未人工栽培，以采收"花器"入蔬。历代《本草》也记载了萱草的药用价值。根据唐孟詵《食疗本草》、陈藏器《本草拾遗》、宋《嘉枯本草》、明朱穗《救荒本草》记载，唐宋时期萱草花尚未列入蔬菜范围，仍属观赏兼药用植物。

宋代以后以食用花器及其颜色命名，称之为"黄花菜"，中国海员出航必携金针、木耳以代蔬菜。而金花菜的称谓始见于明代兰茂（公元 1396—1476 年）编著的《滇南本草》。据文字记载，黄花菜作为栽培蔬菜始于明代，明弘治元年（1448 年），湖南省祁东县官家嘴镇永年村村民管福民、管福顺兄弟在该村的大福园、豆子园开始移种培育黄花菜。成书于 1573 年的《本草纲目》载有："萱草下湿地，冬月丛生。新旧相代，四时青翠……今东人采其花跗干而货之"，印证了明代已有黄花菜人工栽培，并已有黄花菜的干制品应市了。

第二节　黄花菜的种植区域

黄花菜对外界气候条件以及土壤基质的适应性较强，我国各地区均有栽培，黄花菜主要产区为湖南、甘肃、宁夏、山西、陕西、河南、四川、江苏、浙江等。其中以湖南省栽培面积最大，湖南省的祁东县、邵东县、衡阳县、湘潭县、耒阳县等均有黄花菜种植，种植面积约 20 万亩。另外，在我国的甘肃省（庆阳市的庆城县、合水县、华池县以及平凉市等）、宁夏自治区（红寺堡区、盐池县、同心县等）、山西省（大同县、沁源县等）、陕西（大荔县）、河南省（淮阳县）、四川（渠县）、浙江省（缙云县、庆元县等）、贵州省（黔西县、石阡县等）、江苏省（宿迁）、云南（大理市下关镇）、山东（新泰）等地也有相应规模的种植。其中湖南祁东、邵阳、甘肃庆阳、陕西大荔、河南淮阳为我国黄花菜的五大原产地。最近几年，随着宁夏吴忠市红寺堡区的灌溉条件的改善和干旱利于黄花菜自然晾晒等因素逐渐成为黄花菜的优质产区，其品质和价格远优于其他地区。此外，山东寿光保护地形成了反季节栽培主产区。

第三节　黄花菜的市场应用价值

在中国医学 3 000 多年的食疗历史中，黄花菜被列为常用食疗食品之一，中医认为其具有良好的保健功能。此外黄花菜还具有良好的食用、观赏和生态价值。

一、食用价值

黄花菜味道鲜美，色泽金黄，香味浓郁，食之清香、爽滑、甘甜，自古有“席上珍品”和“观为名花，用为良药，食为佳肴”的美誉。黄花菜营养丰富，含有大量的糖类、蛋白质、维生素、无机盐及人体必需的氨基酸。《随息居饮食谱》记载：萱花，干而为蔬，荤素宜之，与病无忌，为佐餐佳品。从黄花菜本身所含的营养来看（表 1-1），相对于胡萝卜、西红柿、花椰菜、冬笋、大白菜等，其具有更高的营养价值，在钙、磷、铁、锌和硒等矿物元素以及粗纤维的含量方面较为突出，均高于常见菜种，属高蛋白、低热值、富含维生素及矿物质的绿色保健菜。黄花菜作为一种可食花卉，含有常见挥发性成分有 60 多种，其中大量的醇和酯类香气物质赋予其独特的怡人风味。

值得注意的是，黄花菜宜加工成干货食用。因为鲜黄花菜中含有一定量的秋水仙碱，进入人体后被氧化成二秋水仙碱，会刺激消化、呼吸系统，从而引发恶心、呕吐、口干舌燥、腹泻等不适反应。秋水仙碱易溶于水，遇热易分解失去毒性。所以黄花菜一般需要加工成干货，煮熟后食用既美味可口，又有益于身体健康。注意每次食用量最好不超过 100 克。

表 1-1　黄花菜与其他蔬菜的营养成分的比较

成分	鲜黄花菜	干黄花菜	花椰菜	红番茄	冬笋	大白菜	胡萝卜
可食部分/%	99	100	53	97	39	68	79
水分/克	82.3	11.8	92.6	95.9	88.1	95.6	89.3
蛋白质/克	2.9	14.1	2.4	0.8	4.1	1.1	0.6
脂肪/克	0.5	0.4	0.4	0.3	0.1	0.2	0.3
碳水化合物/克	11.6	60.1	3	2.2	5.7	2.1	8.3
热量/千焦	263.8	1 256	10.5	62.8	40	15	159.1
粗纤维/克	1.5	6.7	0.8	0.4	0.8	0.4	0.8
灰分/克	1.2	6.9	0.8	0.4	1.2	0.6	0.7

续表 1-1

成分	鲜黄花菜	干黄花菜	花椰菜	红番茄	冬笋	大白菜	胡萝卜
钙/毫克	73	463	18	8	22	61	19
磷/毫克	69	173	53	24	56	37	29
铁/毫克	1.4	16.5	0.7	0.8	0.1	0.5	7
胡萝卜素/毫克	1.17	3.44	0.08	0.37	0.08	0.01	1.35
硫胺素/毫克	0.19	0.36	0.06	0.03	0.08	0.02	0.04
尼克酸/毫克	1.1	4.1	0.8	0.06	0.6	0.3	0.4
核黄素/毫克	0.13	0.14	0.08	0.02	0.08	0.04	0.04
抗坏血酸/毫克	33	0	83	8	1	20	2

注：表中营养成分含量均以 100 克计。

二、药用价值

黄花菜在中国具有悠久的食疗应用历史，其在我国已有 2 000 多年的栽培史，根、叶、茎、花均可入药。多本中药古典都记载了黄花菜的药用功能，例如《神农本草经》记载萱草的根有清热凉血的作用，是治疗肝炎、腮腺炎、内出血等疾病的中药材。《本草纲目》记载黄花菜有利于胸隔、安五脏、轻身明目、治小便赤涩、解烦热，除酒瘟、令人好欢无忧等药效。《随息居饮食谱》记载黄花菜可“利厢、清热、养心、解忧积忿、醒酒、除黄”。《本草求真》记载：萱草味甘而气微凉，祛湿利水，除热通淋，止渴消烦，开胸宽膈令人心平气和，免于忧郁以及通结气、利肠胃、利湿热。《滇南本草》记载“其补阴血、止腰痛、治崩漏、乳汁不通”。中医认为黄花菜的花有健胃、通乳、补血的功效，哺乳期妇女乳汁分泌不足者食之，可起到通乳下奶的作用；根有利尿、消肿的功效，可用于治疗浮肿，小便不利；叶有安神的作用，能治疗神经衰弱，心烦不眠，体虚浮肿等症。习惯上各种萱草的根入药不分，而作为食用只用黄花萱草的花蕾。

近代中外学者对黄花菜的药用价值有进一步发现，其含有天冬素、卵磷脂、硒、蒽醌和甾体等化合物，因此具有显著的降低血清胆固醇、抗衰老、增强大脑机能和防癌等作用。丰富的卵磷脂，这种物质是机体细胞，特别是大脑细胞的组成成分，对增强和改善大脑功能有重要作用，同时能清除动脉内的沉积物，对注意力不集中、记忆力减退、脑动脉阻塞等症状有特殊疗效，故人们称之为“健脑菜”。同时还能滋润皮肤，增强皮肤的韧性和弹力，使皮肤细嫩饱满、润滑柔软、皱裙减少、色斑消退、增添美容。

另据研究表明，黄花菜能显著降低血清胆固醇的含量，有利于高血压患者的康复，可作为高血压患者的保健蔬菜。黄花菜不但具有抗炎和治疗黄疸病的功效，其提取物秋水仙碱抑制纤维原细胞的增生，从而阻止癌细胞增殖，在临床已经应用于乳腺癌、皮肤癌和白血病的治疗。通过动物试验还发现，黄花菜具有镇静及减轻失眠的作用黄花菜对于血吸虫病这种由血吸虫寄生虫引起的使人衰弱的疾病，也具有一定的治疗效果。

不过黄花菜是近于湿热的食物，胃肠损伤、胃肠不和的人，应少吃为好；平素痰多，尤其是哮喘患者，不宜食用。

三、观赏价值

黄花菜在国外属观赏植物，只有我国最早作为蔬菜栽培。黄花菜是萱草属，其叶似兰草、翠绿丛生、花如蛱蝶、红黄点点、摇风曳影、丰韵可人，而且黄花菜春季萌发早，品种繁多，是布置庭院、树丛中的草地或花境等地的好材料，也可作切花，均具有很高的观赏价值。

古人一直将它作为庭院观赏植物，曾为它留下不少赞美的诗歌。苏东坡："萱草虽微花，孤秀能自拔；亭亭乱叶中，一一芳心插。"白居易也有过诗云："杜康能散闷，萱草解忘忧。"为他晚年的知己刘禹锡屡遭贬谪的身世予以劝慰。从科学的角度来看，一棵区区无名小花，本身并无含有任何解忧的元素，只不过在观赏之际，助人转移情感，稍散一时闷，略忘片刻之忧而已。萱草清雅孤秀，逗人喜爱，无论是园林还是家庭庭园，也一直将黄花菜作为花草观赏，并且培育出不同的种类。

作为观赏品种的萱草原产我国南部，现南北各地皆有栽培。叶片线状披针形，叶面带粉白色，花攀高达 1 米以上，圆锥花序，着花 6～12 朵，花色为橘红至枯黄色，阔漏斗形，长 7～12 厘米，且内轮花被比外轮花被宽，边缘微显波状，盛开时裂片反曲，花径约 11 厘米，花期为 6—8 月。花无香味，可供观。本种有变种，如千叶萱草（var. *kwanso*），供观赏用；长筒萱草（var. *longituba*），花筒较长，花被片较狭；玫瑰红萱草（var. *rosea*），花玫瑰色；斑花萱草（var. *maculata*）花较大，内部有明显红紫色条纹；多倍体萱草（*H. fulva* var. *flore pleno*），是从国外引进，花大，径可达 19 厘米，一个花葶上可开花 40 余朵，色彩丰富，有黄、杏黄、橘黄、红、黑红、粉红、紫等色，是近年来较受欢迎的宿根花卉。

此外，作为蔬菜栽培的黄花菜也可用于农业观光园栽培品种。种植规模成片的黄花菜具有较高的观赏价值。其次，黄花菜可作为其他主题农业观光园的辅助栽培品种，在路边、边缘地带、隔离带、配色点等处间套种黄花菜，或将其作为农业观光园的休闲亭、观光廊等建筑物周边陪衬栽培品种进行种植。另外，黄花菜可作为山地农业观光园坡壁等空隙地栽培品种。黄花菜的肉质根系发达，有利于园内涵养水分，在果园、茶园等山地作物观光园的坡壁、斜坡地等边沿地、空隙地栽种黄花菜，起到增添绿意和防止水土流失的作用。最后，黄花菜可作为农业观光园采摘品种。

从品种上来说，用于食用或观赏的萱草属植物并无明显的特征分别，只是红花、大花、小花、重瓣花等品种，因加工干制后成品外观不佳，故列入观赏类；而鹅黄色、橙黄色、花瓣狭、花蕾长、雄蕊黄色，有香气，产量高，易于加工的品种列入食用类。

四、生态价值

黄花菜因具有根量大且分布广的特点，一方面有助于增强自身的耐盐能力，多年种植对盐碱地有明显的脱盐改土效应；另一方面强大的根系可以牢牢抓住土地，在暴雨、洪涝后防止水土流失，可改良土壤和改善生态环境。有研究证实了黄花菜在盐碱地种植可发挥脱盐改土的作用。在宁夏、甘肃的盐碱地地区种植黄花菜后，第一，盐碱地盐分降低，且脱盐率随着栽植年限的增加而提高；第二，土壤容重降低，孔隙度提高。土壤的结构、物理性状、肥力状况均得到改善；第三，土壤中的有机质、氮、磷含量均比栽植黄花菜前有所提高，土壤养分增加。另外，种植黄花菜时适当施用有机肥可产生更好的脱盐效果。还有研究表明黄花菜对氟污染十分敏感，当空气受氟污染后其叶尖端由绿变褐，可作为监控居住空气质量的指示作物。

参考文献

[1] 常二强．“七须”黄花菜的营养价值与种植前景[J]．中国果菜，2017，37(10)：42-44.

[2] 何莉，张天伦．黄花菜的生物学特性及应用价值分析[J]．农业科技通讯，2012(3)：176-178.

[3] 谢雪峰．黄花菜产业发展规划[J]．湖南农业，2016(11)：5.

[4] 黄凤耀．黄花菜的特征特性及利用价值[J]．甘肃农业，2007(3)：79-80.

[5] 毛建兰．黄花菜的营养价值及加工技术综述[J]．安徽农业科学，2008，36(3)：1197-1198.

[6] 南炳东，付金元，肖正璐．庆阳黄花菜的营养价值及开发前景[J]．中国食品工业，2016(6):62-63.

[7] 任天应，张全发，张乃生．盐碱地种植黄花菜脱盐改土效应研究[J]．山西农业科学，1990(11):14-15.

[8] 任重．江苏宿迁黄花菜栽培史[J]．中国农史，1985(3):38-45.

[9] 尚国佐．盐碱地种植黄花菜[J]．山西农业:致富科技，2008(8):17.

[10] 唐道邦，夏延斌，张滨，等．黄花菜的食用价值及开发利用[J]．中国食物与营养，2003(8):23-24.

第2章　我国黄花菜产业发展问题与对策

第一节　黄花菜产业发展的意义

一、市场前景广阔

作为优质保健和面食佐餐蔬菜，黄花菜不仅在我国的东南沿海及港澳台地区、日本、东南亚各国市场认知度高，近几年欧美各地黄花菜也栽培颇盛，深受消费者喜爱。国内国外的市场需求旺盛，被欧洲人称为“21 世纪生活的新潮食品”，销售价格年年攀升，销量日益扩大，菜农种植积极性很高。据统计，目前我国商品黄花菜种植主要分布在湖南省（祁东县、邵东县、衡阳县、湘潭县、耒阳县）、甘肃省（庆阳市、平凉市、庆城县、合水县、华池县等）、宁夏自治区（红寺堡区、盐池县、同心县等）、山西省（大同县、沁源县等）、陕西（大荔县）、河南省（淮阳县）、四川（渠县）、浙江省（缙云县、庆元县等）、贵州省（黔西县、石阡县等）、江苏省（宿迁）、云南（大理市下关镇）、山东（新泰）等地也有大面积种植。种植面积 120 余万亩，年产量约 16 万吨，而市场年需求总量约为 25 万吨，且需求量呈不断上升趋势。目前黄花菜集中栽植较少、品种单一、经营粗放、品质低下。总体而言，黄花菜市场缺口较大，尤其是优质高档黄花菜市场缺口更大，纯绿色天然无硫黄花菜每年只有不到 5 万吨，而富硒黄花菜在国内市场稀少，目前宁夏吴忠市红寺堡区天然富硒土壤为富硒黄花菜的生产提供了绝好的条件。

随着社会发展的不断加快，人们的生活水平也有了极大的提高，对有机食品、绿色食品和无公害食品越来越重视，特别是营养保健、无污染和绿色的农产品，具有旺盛的市场需求，“绿色、天然、美味、营养、健康”的食品必将是未来的消费潮流和发展方向，富硒黄花菜也必然会受到市场和消费者的青睐，市场前景非常广阔。

二、经济效益较高

近几年，随着黄花菜面积和产量增加，其在农作物中的比较效益凸显。2017 年以来，大同县的黄花菜鲜菜每千克价格达 6 元左右，成品优质干菜每千克可达 50 元左右。盛产期黄花作物亩收入可达 1 万元左右，是种植玉米收益的数倍甚至 10 多倍。

在西北地区常采用宽窄行栽培方式种植黄花菜，亩可栽苗 5 500～8 300 株，栽后三年进入盛产期，亩产干化可达 200 千克以上，近几年干菜价格都在 50 元/千克以上，除去每亩种植成本 3 400 元（含种苗年摊销费 150 元、肥料农药投入 200 元、中耕除草人工投入 800 元、采摘鲜花人工投入 2 250 元），每亩纯收益在 5 000 元以上，远高于同土壤条件下的种植经济作物如小麦、玉米、花生的纯收入。

三、生态脱贫意义深远

土地荒漠化盐渍化与贫困相伴相生，互为因果。我国近 35% 的贫困县、近 30% 的贫困人口分布在西北沙区。沙区既是全国生态脆弱区，又是深度贫困地区；既是生态建设主战场，也是脱贫攻坚的重点难点地区，改善生态与发展经济的任务都十分繁重。西北地区土壤环境恶劣，一般的经济作物很难种植，而黄花菜很耐干旱，种植简单，管理粗放，对地形要求不严，山坡、平地、贫瘠盐碱地等都可以种植，黄花菜是多年生草本植物，它的根系较发达，对保护水土有着良好的作用。此外，黄花菜可用于绿化和退耕还林。大力发展黄花菜产业对解决“三农”问题、促进生态脱贫和农村经济的发展、提升我国农产品的国际市场竞争力都有深远的意义。

黄花菜称为红寺堡区的致富菜，红寺堡区政府高度重视黄花菜种植产业，对其加大了项目扶持和市场开拓，黄花菜种植已初步形成了“龙头企业 + 公司 + 合作社 + 农户 + 市场”的产业化格局，使片区每年有 6 000 左右人口稳定脱贫致富。红寺堡的案例在西北贫瘠地区值得推广，发展黄花菜产业，有利于通过生态保护脱贫、生态建设脱贫、生态产业脱贫，让沙地变绿、让农民变富、让乡村变美，实现防沙治沙与精准脱贫互利共赢。

第二节　我国黄花菜产业发展现状

一、国内黄花菜主产区发展现状

黄花菜适应性强，栽培简单，全国各地均有分布。黄花菜种植产区的分类主要分为集约和非集约种植，黄花菜在全国种植面积在逐年增大，规模化和集约化的程度越来越高，其中湖南祁东、邵阳、甘肃庆阳、陕西大荔、河南淮阳为我国黄花菜的五大原产地，据 2017 年统计，各产区面积如图 1-1 所示。甘肃庆阳是目前全国最大的黄花菜产区。目前种植面积发展较快的还有宁夏吴忠市红寺堡区，位于宁夏中

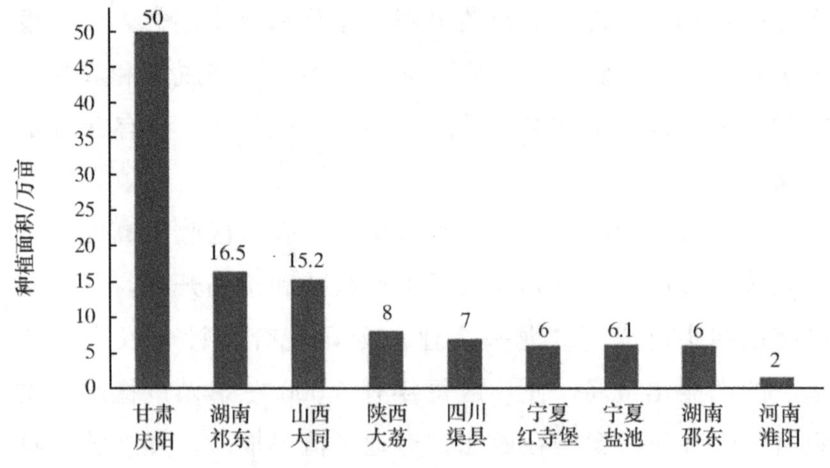

图 1-1　2017 年黄花菜各产区种植面积

部干旱带高效节水示范区的红寺堡区是国内优质黄花菜产区，目前面积发展到6万余亩。除河南淮阳、宁夏红寺堡在平原种植外，其余地方基本都在山坡丘陵地种植。黄花菜种植历史悠久，发展前景良好，但除上述优质主产区外，其他地区无系统标准化种植，品种单一，缺乏统一质量标准，黄花菜的产品质量不稳定。

一般来说，南方地区因气候湿润，比北方地区干旱地区产量更高，平均每亩产鲜花1 600千克左右，干花150千克。但是季节性降雨，会影响南方黄花菜的亩产量，且亩产量的变幅较大。其鲜花采摘大多集中在6—7月份的冬小麦成熟期，时间长达40天左右，遇阴雨天气，鲜菜不能及时采摘晾晒而霉烂，将会大大影响黄花菜的产量和品质。在西北地区，光照充足、昼夜温差大，黄花菜的品质往往比南方更好。

1. 宁夏红寺堡黄花菜

红寺堡区种植的黄花菜品种主要是从甘肃引进的“大乌嘴”，也叫“大金桥”。受黄土高原独特的气候条件和地理环境影响，红寺堡区所产黄花菜色泽黄亮、条长肉厚、营养丰富、久煮不烂、品质上乘。红寺堡区处地处中部干旱带，土壤呈中性或微碱性，质地沙壤，结构疏松，通透性好；冬季寒冷漫长，春暖迟、夏热短、秋凉早，日照充足、光能丰富、昼夜温差大，有效积温高，干旱少雨、蒸发强烈，对黄花菜生长非常有利。针对这一独特的地理和气候优势，红寺堡将黄花菜作为扬黄灌区作物结构调整、农民增收致富的首选作物，作为群众脱贫致富的优势主导产业来抓。全区建成黄花菜生产基地6万亩，大部分集中在太阳山镇（约23 000亩）。据测算，盛花期每亩鲜花产量将达1 500千克，按每千克售价6元计算，亩产值达1万元以上，亩均纯收入6 000余元。当地政府把“打造黄花菜优质产区”作为工作重点，投入财力研发自动采摘设备节省一半以上人力，为大面积发展黄花菜产业奠定了基础，同时在销路上积极与国际市场对接，注重品牌建设，加工技术的改进，并推出十大举措确保黄花菜产业的发展。

（1）发挥优势，准确定位

充分发挥红寺堡区土地资源丰富、昼夜温差大、畜牧业相对发达、有机肥源充足等资源和生态优势，把黄花菜当作精准扶贫工作基础性、保底性的富民增收产业来抓，科学定位、高标准谋划，坚持“高产、优质、高效、生态、安全”的方针，把传统实践经验和现代科技成果、先进技术相结合，以发展无公害、绿色、有机产品为目的，以优质和特色求生存，推动红寺堡区黄花菜产业健康、持续发展。

（2）区域布局，分类指导

由于红寺堡区地域广阔，不论在气候、自然、生产等条件农民群众耕作习惯上都有较大的差别，黄花菜产业发展规划上竟可能全面考虑实情区别种植。一是黄花菜主产区，以太阳镇为中心。二是黄花菜适宜区，其他乡镇作为配套区，土壤瘠薄，土地面积大，有机肥源充足，化肥农药使用少，鼓励有栽植意愿的农户，有条件的发展有机、绿色、无公害产品，达到以质取胜。

（3）分散经营，规模发展

根据黄花菜生长发育特点，结合红寺堡区生产实际，黄花菜产业以家庭分散经营为主，有灌溉条件及生产管理条件较好的地方实行适度集中，每户连片种植规模 3 亩以上。同时，积极培育发展龙头企业、合作社、种植大户，探索“龙头企业＋公司＋合作社＋农户＋市场”的经营模式，建立利益共享、风险共担的利益联动机制，实行龙头企业或专业合作社与农户合同化管理、订单式服务，增强抵御市场风险的能力。同时宣传动员、算账对比等形式，引导农民主动调整种植结构，充分调动其栽植积极性，大力发展黄花菜产业。

（4）建立黄花菜科技示范基地

黄花菜品种较多，技术投入各方面相对薄弱。要不断加强企业技术升级改造，创立企业发展新模式，从种苗繁育开始，不断强化育苗、栽培、加工、包装和销售的各个环节的技术攻关，拉长产业链条，促进产业升级。

①建立黄花菜品种示范基地，黄花菜品种多样，面对用工量较大的实际情况可引导农户栽培早、中、晚熟的品种来错开劳动集中的情况。同时提高品种的品质和产量，发展组培、脱毒苗实验，为种植户提供优质的种苗。

②目前黄花主要是人工采摘为主，劳动效率低下。针对这一情况，可研发自走式半自动采摘机器。

③近年来黄花菜鲜货在市场消费量较大，但由于黄花菜鲜货上市季节时间较短，无法对国内市场持续供货，可充分

发挥当地设施农业的优势，种植黄花菜，提高黄花菜种植的长度。另一方面，发展速冻产品，弥补黄花菜鲜货断档期。

④陆地栽培黄花菜，前三年基本没有效益。进行套种的形式，增加种植户的效益，开展多种作物与黄花菜套种可明显改善这一情况。

（5）打造黄花菜优质产区

目前黄花菜已成为红寺堡的特色产业，但城区饭店、城市绿化、形象店是空白。本地区饭店开发以黄花菜为主题的餐饮成为推介黄花菜的创新渠道；黄花菜花色鲜艳、清香宜人，可打造绿化用途，满城尽是黄花菜；打造黄花菜专卖店、提升黄花的竞争力，商场建立黄花菜专卖、开发电商平台。

（6）起草国内黄花菜标准化种植技术

目前国内基本没有关于黄花菜种植方面的教材。针对种植技术规范程度不高的现状实现规范化种植。

（7）切实注重商标策略，全力争创精品品牌

进一步增强黄花菜区域品牌意识，政府推动品牌建设。加工龙头企业注重商标意识，引导企业注重商标的重要性，以品牌提高企业经济效益，转变经济发展方式。

（8）建立健全长效机制，确保产品质量安全

要重点抓好产地环境认证和质量监测、产品质量认证、农业投入品监管和市场准入等制度建设，积极发展绿色、有机黄花菜，确保产业又好又快发展。以实际试验数据为准，加大种植户种植技术、科学栽培方面的知识培训。

2. 甘肃庆阳县黄花菜

甘肃庆阳是久负盛名的黄花菜之乡，每年夏令花朵盛开，塬上塬，杏黄色、橘黄色、米黄色、金黄色、绿黄色、金橙色的花朵流光溢彩，亭亭孤秀，高雅洁美，使路人都叹为观止。宋代诗人苏东坡赞叹之余写下了："萱草虽微花，孤秀能自拔"的动人诗句。素有"西北特级金针菜"之誉。庆阳黄花菜之所以如此著名，这与当地的水土和栽培技术有关，庆阳地处甘肃东部、境内丘陵起伏，塬坝纵横，土质肥沃，雨量适中，气温较高，光照充足，自然条件十分适宜黄花菜生长。

（1）生产面积大

庆阳黄花菜种植面积 50 余万亩，种植面积及总产量均居全国之首。近年来，黄花菜产业作为庆阳市发展的支柱产业之一，制定了黄花菜发展规划，出台了一系列优惠扶持政策，加大了投资开发力度，使黄花菜产量和质量不断提高。另外，由于黄花菜的投入少、产量高，市场价格远高于其他农产品，农村家家户户都有在田间地头、房前屋后种植的习惯，黄花菜的种植面积快速增长。

（2）品质优良，生产成本低

得天独厚的自然条件使得庆阳所产黄花菜条长色鲜、久煮不散、肉厚味醇、色泽黄亮，营养非常丰富，品质在全国同类产品中名列前茅，是黄花菜中的极品。黄花菜作业属于劳动密集型产业，生产主要依靠大量使用劳动力，对技术的要求不高，目前庆阳黄花菜的生产仍以千家万户为主。

（3）产品品牌效应好，市场竞争能力较强

庆阳黄花菜的品质在全国名列前茅，从 20 世纪 80 年代起，黄花菜就成为庆阳市出口创汇的拳头产品。多年来远销欧美、日本、东南亚各国，产品供不应求，是全国农副产品外销创汇的重要商品，具有较大的发展潜力。2006 年 12 月，国家质检总局根据《地理标志产品保护规定》，批准了对庆阳黄花菜实施地理标志产品保护。现已注册的黄花菜商标有“庆针牌”“华蕾牌”“蓓蕾牌”等，均具有较好的品牌效应，畅销国内外，大大提升了庆阳黄花菜的知名度，提高了其市场竞争力，增加了农民的经济效益，增强了黄花菜栽培的积极性。

3. 湖南祁东县黄花菜

（1）种植规模逐年扩大

湖南省祁东县的黄花菜是全国的黄花菜主产区，2002 年获得国家黄花菜原产地称号。在湖南省衡阳市等各级政府的大力支持下，2017 年，祁东的黄花菜种植面积达 16.5 万亩，菜农达 40 万人，祁东县还被国家命名为“黄花菜原产地”。由此，奠定了祁东作为全国黄花菜产业的总指挥部和大本营的地位，祁东县作为黄花菜原产地和全国最大的黄花菜种植基地，2006 年度干黄花菜产出总量 4.1 万吨。

从祁东县城出发，依次经过风石堰、白地市、响鼓岭、黄土铺、官家嘴、步云桥、蒋家桥等几个大镇，黄花菜产区就集中在以官家嘴镇为中心，覆盖黄土铺、步云桥 2 个镇的拓展范围。全县年产干黄花菜 8 万吨，年销售额 10 多亿元，已经成为祁东农业经济的主要来源。

(2) 种植品种不断优化

祁东县黄花菜品种主要有早、中、迟熟三大类型超 20 个品种，早熟型有：四月花、五月花、清早花、早茶山条子花共 4 种；中熟型猛子花、白花、茄子花、杈子花等共 20 种；迟熟型有：倒箭花、细叶子花、中秋花、大叶子花 4 种。近年由于鲜黄花市场行情看好，特早熟四月花和迟熟冲里花等品种的栽培面积呈逐年上升趋势。

(3) 基地生产逐步标准化

祁东县全面加强无公害黄花菜产地环境保护和无公害黄花菜生产管理。目前，无公害黄花菜产地认定面积 6 000 公顷，有 20%的产品达到 A 级绿色食品标准。基地严格按照《黄花菜栽培技术规程》(DB 43/T197—2003) 的标准进行生产。

(4) 加工方法逐渐规范

到 2013 年，祁东县黄花菜加工状况为太阳能膜焖法占 15%左右，蒸汽杀青加工法占 10%左右，传统蒸煮加工法占 20%，植物源保鲜加工占 5%左右，鲜销 1%左右，半数以上仍采用焦亚硫酸钠加工黄花菜。

4. 山西大同县黄花菜

(1) 种植规模逐渐扩大

大同县委县政府将黄花菜产业作为县支柱产业大力扶持，以扩大黄花菜的种植面积。到 2017 年已达到 15.2 万亩。

（2）贮藏保鲜手段单一，仍以干制为主

黄花菜是一种经济价值较高的特色蔬菜，但其不易保存。随着贮藏时间的延长，黄花菜品质逐渐变劣，失去食用价值。即使在冷藏条件下，黄花菜保鲜期也十分有限，常规冷藏可保存 3～4 天，供应时间非常短，对物流和销售均有较高要求。而对于没有冷库等冷藏手段的农民来说，烘干加工是保证黄花菜可食用价值的主要途径。经调研发现，不论是种植散户还是经营黄花收购、销售的农民专业合作社，干黄花是主要的加工产品。

（3）政府大力支持，产业发展环境好

大同县把黄花菜列为一县一业的主导产业，从政策、资金、项目等方面都给予了大力支持。在种植方面，大同县里出台的补贴政策，即新增一亩黄花菜，政府补贴 500 元；连片 20 公顷以上，配套水电路渠；在采摘方面，大同县帮助黄花种植户解决采摘用工难的问题，多渠道积极联系外地农民和即将放假的学生，参与到黄花采摘的队伍中，同时也提供给学生很好的勤工俭学机会；在晾晒方面，大同县帮助种植 10 亩以上的农户，33 公顷以上的村，建设晾晒场地，将暑期校园空余场所提供给黄花种植户作为晾晒场地，气象局给 2 亩以上的农户，常年免费发放天气预报；在运输方面，交警运管部门全力配合，确保黄花运输安全畅通。在销售方面，黄花办组织联系采摘工，为种植户、收购企业提供种植、销售信息等服务。大同县黄花办欲组织黄花加工企业、黄花专业村、种植大户、经销大户联合成立黄花菜合作协会，协会的成立必将有利于当地黄花产业的做大做强。

二、其他区域黄花菜产业发展现状

1. 陕西大荔县黄花菜

近年来，大荔县委、县政府积极引导农民发展壮大黄花菜种植这一特色产业，目前大荔黄花菜栽培面积已达 8 万亩，为西北地区第一生产大县。陕西大荔县位于渭南东部，东临黄河，黄花主要产于沙苑一带，这里土质肥沃松软，排水性能好，极适宜黄花生长。当地农民在花蕾未开的时候采摘，再经过笼蒸、晾晒或烘干等过程，使黄花干鲜适度，长期保存，大荔黄花针长、色佳、肉厚、味香、营养丰富，配以荤菜香而不腻。

2. 闽南区黄花菜

闽南地区地处福建省南部，属亚热带季风性湿润气候，年平均温度 20℃、降雨量 1 000～1 700 毫米、日照 2 000～2 300 小时，无霜期达 330 天以上，非常适合黄花菜的生长。闽南地区是福建省黄花菜传统种植地区之一，黄花菜种植面积约 1 300 公顷，占全省种植面积的 70%以上，种植区域主要分布在泉州市的德化县和永春县、漳州市的长泰县和华安县等地。其中，德化县黄花菜种植面积最大（约 666 公顷），种植区域相对集中，已形成一定的种植规模。德化黄花菜 2011 年经农业部农产品质量安全中心审查和组织专家评审，符合登记保护条件，成功通过国家农产品地理标志登记。德化黄花菜注册的“十八格”为福建省著名商标，其产品为农业部认定的无公害农产品。永春县、长泰县和华安县等地的黄花菜种植则相对较分散，规模较小，但因气候优势仍具有较大的发展潜力。

3. 宁夏盐池县黄花菜

盐池县位于宁夏中部干旱带，年降雨量不足 300 毫米，蒸发量 2 892 毫米。全年晴天多，阴雨天少，为黄花健壮生长创造了有利的气候条件；特别是降雨少、蒸发快，对黄花菜天然晾晒极为有利。盐池县 2006 年首次在扬黄灌区引入黄花种植，效益颇好。2010 年开始规模化发展，面积迅速扩张到近 2 700 公顷，但因水资源制约和运行机制欠佳，目前留床面积不足 700 公顷。2015 年，四年生黄花亩平均产值上万元，种植户亩纯收入 8 000 元以上。盐池县海拔高，地域广阔，工业企业少，空气洁净；境内无河流，农业用水主要来源于自然降雨、黄河引水和地下浅层水开采；为一年一熟制耕作模式，化肥、农药、地膜用量相对较少，土壤基本无残留。这些为天然、绿色黄花菜的生产创造了良好的环境。

4. 四川渠县黄花菜

2014 年底，渠县种植黄花 5 700 公顷，年产干花 1.3 万吨，产值 5.2 亿元。渠县黄花主导品种有金针早、渠县花、猛子花、冲里花等，主要分布在望江、清溪、屏西等 20 个乡镇。近年来，县重点在渠县省级新农村建设示范片的望江乡、清溪场镇、屏西乡、射洪乡、青龙乡、有庆镇、中滩乡、渠南乡等 8 个乡镇 24 个村建黄花核心示范片 2 300 公顷，其中“望江—青龙”万亩黄花基地和“清溪—射洪”万亩黄花基地先后被认定为四川省现代农业万亩示范区。以清溪、望江、屏西为核心的“西部黄花产业带”已逐渐形成。

5. 河南淮阳黄花菜

淮阳黄花菜之所以名贵，主要是菜蕾肥大，菜条丰润，每根鲜菜条平均重达 4.4 克，干菜条达 0.5～0.6 克。馏晒后色泽金黄，糖分多，油分大，干而不碎，富有弹性，味鲜纯美，营养丰富，别具风味。淮阳黄花菜之所以风味独特，得益于得天独厚的自然条件、土质条件和栽培条件。品质特有，为其他产区所不及，故畅销中外，在国内、国际市场上，具有很强的竞争力。淮阳的黄花菜有 7 个花蕊，在全国是首家。即便从淮阳移植到另外的地方，就再长不出 7 蕊。这样的特性与淮阳县独有的气候，水质，土质有着密不可分的关系。说淮阳黄花菜为当地特产，绝非虚名。

6. 邵东黄花菜

湖南省邵东县素有“黄花之乡”的美誉。2017 年，邵东县种植黄花菜约 6 万亩。邵东黄花的学名叫萱草，中国古代常用“萱庭”“萱堂”来代言母亲，因而民间称黄花为“母亲花”。因其颜色金黄，形状细长，所以又叫“金针花”，黄花菜既有较高的营养价值，又是一种美丽高雅的观赏植物。

邵东地处湖南中部，属亚热带地区，气候温和、雨量充沛，光照和土壤条件很适宜黄花的生长。据清代嘉庆 25 年的《县志》记载，早在 170 多年前，这里就大面积种植黄花菜。邵东出产的黄花菜，被列为全国八大名贵蔬菜之一，经中国医学科学院测定，邵阳黄花菜中蛋白蛋、脂肪、碳水化合物、钙、磷、铁、胡萝卜素、核黄素的含量，都高于西红柿等常见的蔬菜。

第三节　我国黄花菜产业发展存在的问题

一、产业化程度不高

目前，我国黄花菜生产多以一家一户承包经营形式为主，种植分散，规模化和产业化水平不高，除湖南祁东、邵东、山西大同、陕西大荔和甘肃庆阳、宁夏红寺堡、盐池等主要产区大面积集中种植以外，其他种植地区规模小，加工能力弱，黄花菜在采摘过程中需要大量的劳动力和大片的晾晒场地，受此限制，无休止扩大黄花菜的种植面积也不现实。碍于规模小和劳动力投入大，制约了新技术新设施的推广和应用，不利于资源的充分利用，经济效益难以实现最大化；加之经营方式较为粗放，行业自我管理能力薄弱，缺乏统一的技术标准和产品质量检测，不利于质量管控，严重制约了黄花菜产业的发展。

二、缺乏相应标准

我国黄花菜的生产和初加工主要由农户分散经营，缺乏统一、规范的生产、加工技术标准。在种植模式上，以农户为主的零星栽培方式加大了生产管理难度，不利于旱作技术、标准化生产技术的推广。在采摘方法方面，至今仍然沿用传统的、落后的手工采摘法，导致效率低下，增加了大量劳动力，占用了农户大量的时间。加工技术也很落后，黄花菜采收后脱离了母体，成为独立的生命个体，但在贮藏中仍然进行着一系列生理活动。其中，呼吸作用、蒸腾作用、相关酶活性的变化是影响其采后内部和外部品质的主要活动，随贮藏时间的延长，黄花菜品质逐渐变劣，甚至腐败变质，失去其食用价值。黄花菜采收正值高温季节，采后呼吸作用增强，呼吸强度可达到 0.54～0.61 毫克/(小时・克)。黄花菜在常温下的耐贮藏性较差，一般情况下采后 2 天全部开花，第 4 天开始腐烂，因此，黄花菜采摘后的加工至为重要；现今脱水干制是黄花菜加工最传统的方法。为了固定采收后黄花菜的品质，防止酶促褐变，确保制品有良好的色泽，黄花菜采收后一般要先进行热烫处理，但普通农户处理方法不规范，劣效笨拙，整个黄花菜市场没有形成以黄花菜为原料加工的成品食品，外形从开始采摘到烹饪成食品都是长条形状，形状太过单一。同时，黄花菜栽培技术也不规范，施肥、病虫害防治等田间管理措施不到位，很难进行标准化生产，从而影响了黄花菜产量和品质的提高。

三、生产体系不完善，深加工能力不足

我国黄花菜加工停留在简单、初级的水平上，产品深加

工能力不足，加工产品仍以传统的制干为主，设备简陋、生产机械化、自动化程度低、工艺落后，产品附加值非常低。黄花菜生产的安全监控、检测、溯源体系不完善，散户种植导致无法对于产品进行监控，由于黄花菜受气候影响大，不排除种植者为止损而采取不合理的方式，从而影响黄花菜的品质，由于黄花菜质量不过关，大部分菜农采用脱水保鲜加工方法，有的农户超量添加焦亚硫酸钠，影响质量，黄花菜食品安全事件时有发生。加之产品加工方法的不同，在产品安全检测过程中执法难度大，存在较大的安全隐患，严重阻碍黄花菜产业的发展。

四、品牌效益不高

我国黄花菜产业发展中，除部分龙头企业创立自己的品牌外，其他农户基本都是经过简单加工后，直接卖给小商贩，小商贩无包装或经简单包装后，直接推向市场，无商标无品牌，市场知名度低，导致产品附加值不高。

此外，我国部分地区在黄花菜品牌的宣传力度不够，加之知识产权保护意识不强，导致很多优质黄花菜未卖出应有的价格，反而让一些不法商贩混淆视听，打着部分品牌标识销售，既不利于品牌的保护，也不利于区域黄花菜产业的可持续发展。

第四节 我国黄花菜产业发展对策建议

一、推进规模化、专业化生产

建立黄花菜良种繁育基地，把优化品种布局作为提高黄花菜产业效益的重要措施来抓，对不同类、不同品种的黄花应重点抓好规模化和专业化生产。各地可根据当地的资源优势，逐步形成“一乡一品”规模化经营的新格局。培育拳头产品，突出区域特色，加强黄花菜标准化生产基地建设。交替种植，最大程度利用土地资源。同时，建立绿色黄花菜标准体系，提高生产水平。

二、完善质量监控体系建设

逐步推行“产地与销地”“市场与基地”“加工与生产”的对接与互认。在黄花菜生产企业和黄花菜专业合作社中建立完善的黄花菜全程质量追溯信息采集系统，逐步形成生产有档案、产地有准出制度、销地有准入制度、产品有标识和身份证明的全程质量追溯体系。规范黄花菜质量监测工作，进一步加强基地源头质量安全监控机构建设和重点集镇质量安全检测站建设，始终把黄花菜质量安全监控作为民生工程来抓，建立和完善黄花菜质量监控工作制度。重点抓好基地农业投入品使用监管制度、产品质量认证制度与市场准入制度等的完善建设。在黄花菜加工添加剂的使用上加大查处力度，积极发展绿色黄花菜，引导黄花菜产业又快又好发展。黄花菜加工企业要增加科技投入，促进产品深加工，降低农药残留量，确保食品安全。

三、提高产业组织化程度

提高农户的组织化程度是解决小农户与大市场矛盾的基本途径。通过一定的组织形式把分散的农户联合起来，形成一种与外力抗衡的合力机制，提高农户抗御市场风险的能力。按照“企业+基地+农户”的产业模式，建设稳定的黄花菜供应基地，建立稳定的供销关系。大力培育龙头企业，增强产业发展后劲。

四、提升加工技术水平

全面拉长产业链条，不断加强企业的技术改造，全面提升黄花菜产品质量。从种苗繁育开始，重点强化黄花菜的加工、包装和销售等环节的技术攻关，不断提升黄花菜加工技术水平，发展壮大黄花菜加工龙头企业，促进产业升级。

五、提高农民科技意识

政府应大力加强黄花菜产业的培育，加大宣传力度，利用广播、电视、报刊、网站等新闻媒体，宣传发展黄花菜产业的重要性、必要性和发展前景，调动农户种植的积极性和主动性，提高商品意识。政府有关部门要加强科技推广和培训力度，特别要加强田间管理、科学施肥、病虫害防治、水分管理和加工技术等关键环节的培训，使农户实现科学管理，提高管理水平，增加农户经济收入。

六、推广标准化栽培技术

要运用现代科学技术选育黄花菜新的优良品种，摸索黄花菜优质高产栽培技术，推广标准化栽培技术。先进的生产技术只有依托优质的生产基地，才可以充分发挥其优势。因此，各级政府要通过资金扶持、政策宣传等方式，积极鼓励有条件的企业和农户开辟集中连片的生产基地，扩大种植面积，以利于生产技术的推广和成本节约。同时，通过塑料大棚、地膜、节水灌溉措施的运用，加大对黄花菜的技术保障，提高黄花菜的产量和质量。

七、注重品牌建设

实施黄花菜品牌战略，是提高黄花菜产品市场竞争力的根本。各区域政府应加大黄花菜的宣传力度，通过网络平台、广播电视、新闻媒体及新品种展示会等方式强力推介；加强知识产权保护，利用法律手段打击破坏当地黄花菜声誉的不法行为；组织农民参加电子商务培训，利用互联网销售黄花菜，让农民和消费者直接对接，减掉中间环节，消费者购买到物美价廉的黄花菜的同时可以增加农民收入，一举两得。同时引导当地农户紧密团结，清楚地认识自己产品的真正价值，打出自己的品牌，严把质量关，将品牌打出去，让产品走向国际市场。

八、改善生态环境、开发观光农业

充分发挥观光农业的优势，进一步提升黄花菜产品的价值，有效增加农民收益。做好区域农家乐精品旅游项目的开发和设计，利用黄花菜开花期，花冠与花蕾在视觉上的空间差异，在其中刻画出硕大的图纹和艺术字能给人一种出其不意的遐想。同时，组织市民和各地游客在黄花菜丰收的季节纷纷前来菜园亲手采摘，既能让消费者饱受眼福，又能亲身体验动手采摘和加工的乐趣。还可作为青少年科普教育基地，广泛宣传黄花菜的历史文化，观赏价值、食用价值、药用价值，使区域黄花菜誉满天下。

参考文献

[1] 常二强．“七须”黄花菜的营养价值与种植前景[J]. 中国果菜，2017，37(10)：42-44.

[2] 傅茂润，茅林春．黄花菜的保健功效及化学成分研究进展[J]. 食品与发酵工业，2006，32(10)：108-112.

[3] 韩志平，张春业，马樱芳，等．黄花菜采后生理与贮藏保鲜技术研究进展[J]. 山西农业科学，2013，41(1)：103-106.

[4] 眭得蓉，杨芳，杨雯珺，等．黄花菜贮藏及深加工技术研究进展[J]. 食品与发酵科技，2016，52(2)：48-51.

[5] 李黎霞．大同市玉米与黄花菜种植现状及发展前景分析

[J]. 山西农业科学，2010，38(9)：9-10.

[6] 许国宁，张卫明，孙晓明，等. 黄花菜的采后生理与保鲜技术研究进展[J]. 中国野生植物资源，2011，30(3)：9-13.

[7] 许国宁，张卫明，吴素玲，等. 不同的贮藏方式对黄花菜品质的影响[J]. 中国野生植物资源，2012，31(3)：13-16.

[8] 杨富民，张丽，严晓娟. 干制黄花菜工业化生产工艺技术[J]. 农业工程学报，2008，24(11)：264-267.

[9] 张天伦，何莉，石娜. 黄花菜在环境绿化中的应用及前景分析[J]. 农技服务，2008，25(10)：124-125.

[10] 张西露，粟建文，叶英林. 祁东县黄花菜产业发展现状及对策分析[J]. 湖南农业科学，2013(15)：148-151.

[11] 张秀丽. 宁夏红寺堡区黄花菜高产栽培技术要点[J]. 宁夏农林科技，2017，58(8)：17-18.

[12] 朱旭，孙静，张传瑜. 山西省大同县黄花菜产业现状存在问题及对策[J]. 农业与技术，2016，36(15)：146-148.

第 3 章　黄花菜的生物学特性

第一节　生长环境特征

黄花菜植株生长旺盛，分蘖性强，根系发达，对环境的适应性强，有较强的耐旱、耐脊、耐盐碱能力，黄花菜是多年生宿根植物，一次种植 10～20 年不需要换苗，每年都会分蘖繁殖，10 年以上发现逐年减产还可以分蘖移植自行扩大种植面积。

一、对土壤条件的需求

黄花菜对种植土壤的理化特性和营养水平要求不高，能够适应 pH 5. 0～8. 6 的微酸或微碱性土壤。海拔 1 500 米以下，降水量 500～1 300 毫米的山坡或平原地均可栽培。一般来说，土壤有机质含量高、土层深厚、水源好、地下水位低的壤土及黏土最适宜其生长。

黄花菜根系粗壮，分布深广，耕层内有大量根群，可抑制土壤盐分上升，减轻盐碱危害。幼苗由于根系较浅，比成苗更容易受盐碱危害，在幼苗阶段促进黄花菜根部发育更为重要。随着苗龄的增加，耐盐能力逐渐提高。黄花菜的耐盐能力甚至远高于禾谷类作物中公认的耐盐性较强的高粱。在土壤全盐含量大于0.3%的处理组中，黄花菜植株相对高度均比高粱高出30个百分点。土壤中全盐量达0.6%时，高粱基本不能出苗，而黄花菜仍有近100%的成活率。

二、对温度条件的需求

黄花菜在生长过程中对温度要求不严苛，一般生长温度范围为5～34℃，在20～25℃温度条件下为宜，该温度下黄花菜根芽分生组织活跃，终年都可长芽。黄花菜的地上部不耐寒，地下部耐寒性很强，在气温下降至－49℃的地区仍可安全越冬。早春时期平均温度达5℃以上时，开始萌芽出土。叶丛生长的适宜温度是15～20℃。抽薹开花期最适温度是20～25℃。较高的温度和较大的昼夜温差能够促进花蕾的形成和营养物质的累积。

三、对水分条件的需求

黄花菜的肉质根，既能贮藏营养，又能蓄积水分，只要生长期间稍有降水，就能积蓄大量水分供其生长发育；地上部分保水性较强，特别是叶子狭长、角质层厚的黄花类型，蒸腾作用较少，比叶片宽大、角质层薄的红色花种耐旱力更强，该品种在较难灌溉的山坡上也能生长。抽薹期是大量需水的临界期，花薹抽出前需水较少，开始抽薹后需水渐增；开花期，尤其是盛花期需水最多，在该时期灌水量应该加大，此时期缺水易使幼蕾萎缩、变黄、脱落、甚至导致叶片枯黄。同时黄花菜忌连阴雨，怕涝，遇到这种情况，应开沟排水，避免烂根。

四、对光照条件的需求

黄花菜喜光耐阴，充足的光照能提高黄花菜的光合作用，有利于营养物质的积累，从而获得高品质和高产量。黄花菜对光照强度变化的适应性强，在树林中半阴处也能够生长，但产量会受影响。

第二节 植物学特征

黄花菜的根生在茎节上，植株在抽薹前只具有短缩的盘状茎，下面着生肥大的主根，上部密生叶丛，似根出叶，主根上轮状排列侧根，呈纺锤形与粗铁丝状，其上生许多细侧根，根茎每年着生一节，层层向上生长，同时向下根系逐年腐烂，根的寿命约 5 年。根茎主要分布在 0～60 厘米土层，根幅可达 70 厘米左右。从外形看，黄花菜的根大体可分为纤根、条状肉质根和块根 3 类，其特点和功能如表 3-1 所示。

表 3-1 黄花菜不同根种特点与功能

种类	特点	功能
纤根	细而长，分枝也多，大都着生在冬苗上	吸收养分和水分的器官
条状肉质根	比纤根粗，呈直条形，刚生为白色，老熟后为肉红色，呈半透明水浸状	贮藏养分和水分的主要器官
块根	纺锤形的肉质根	当老根密集或土壤板结、通气性差时发生

黄花菜的株丛较大，株幅 60～90 厘米，高 60～80 厘米。茎短缩，叶片呈带状，基生，排成两列，长 40～130 厘米。叶背面主脉凸起，横断面呈“V”形。颜色为深绿色至淡绿色，少数为蓝绿色。各叶按 1/2 叶序着生于短缩茎上。叶鞘相互包被成横断面略呈椭圆形的片状假茎。一个分蘖有 14～20 个叶片，每片叶子的叶腋中都有腋芽。花葶于 5—6 月间由叶丛中央抽出，高 1～1. 3 米，花葶上部分生 4～7 个侧花枝，侧花枝上又分出小侧枝，花蕾着生于侧枝上。

黄花菜的花序为无限花序，每个花葶上能陆续形成 20～120 个花蕾，花蕾为黄绿色，表面有蜜腺。花蕾的多少与品种和栽培技术等有关。花梗的粗细及结构与采收难易有关，凡花梗粗壮，花与花蕾连接处凹陷不明显的，较难采收，反之，则易采收。

黄花菜的果实为蒴果，长约 2 厘米，粗 1～2 厘米，呈钝三棱状椭圆形或倒卵形，表面具皱纹。初期为绿色，少数品种具紫红色斑点，成熟后呈黑褐色。每果有种子 10 余粒，多者达32粒。

黄花菜的种子为黑色，有光泽，近似三棱形，表面凹凸不平，种皮坚实，吸水力弱，受精不良时，形成只具种皮的空瘪种子，但外形与饱满者无明显差异。种子千粒重27.21～40.37克。从开花到种子成熟需40～60天，果实成熟后果嘴自行张开，爆裂出种子。种子无休眠期，成熟后就具发芽力，吸湿后，于30～35℃的条件下3天左右即可发芽。

第三节　生育期特征

黄花菜在一年中任何季节栽植都能成活，但一般在秋季或第2年春季定植。秋天定植的黄花菜第2年就可采摘；春季定植的黄花菜当年秋季进入采摘期，但花蕾数量不多。黄花菜在定植后第3年进入盛产期，定植一次能连续采收10年以上。

黄花菜的主要生长阶段分为苗期、抽薹期、蕾期和秋冬期等。无论春季定植还是秋季定植，对黄花菜的生长阶段都没有影响。3—5月份为苗期，5—6月份为抽薹期，花蕾期6—9月份为花蕾期。黄花菜在1年中生长发育的过程可分为5个时期。

一、春苗生长期

春苗生长期指幼苗萌发出土到花薹开始显露前。一般当月平均温度达5℃以上时，幼叶开始出土，随着温度的升高，叶片迅速生长，其最适生长温度为15～20℃。

黄花菜萌芽后到抽薹前，叶片迅速生长，尤以3—5月份生长最快，5月底至6月下旬抽薹后，同化物质大多供给花薹生长，叶片数目及大小增长缓慢。春季每个分蘖抽生的叶片数目为16～20片，随品种、土壤、气候及肥水管理而异。叶片少的，如重阳花、白花仅约15片，多的如茄子花可达22片。

不同品种间，苗期天数和活动积温不同，四月花与荆州花的苗期在40天以上，活动积温4 500℃以上；马莲黄花苗期长达71～73天，活动积温需5 500℃以上。春苗是黄花菜营养生长的盛期，为当年开花制造营养，关系到当年的产量，所以开春后早追肥、灌水，促进春苗早发旺长，是增加当年产量的关键所在。

二、抽薹现蕾期

抽薹现蕾期一般指花薹露出心叶到花蕾开始采收这段时间，1个月左右。花薹通常于5月中下旬开始抽生，花薹初抽生时先端由苞片包裹着，呈笔状，渐长后发生分枝并露出花蕾。从出现花薹到开始开花，约需25天。在每个花薹上用肉眼能看到的花蕾数，开始很少，仅3～5个，后逐渐增多，到开始开花时花蕾数可达58个以上，这时花薹先端还在不断地分化小花蕾。

黄花菜抽薹现蕾期对水分很敏感，缺水时抽薹延迟，花葶少而细，有的不抽薹，同时花蕾也小，并大量脱落。所以5月上旬，充足灌水，使根层土壤全部湿润，对促进花薹发生有重要作用。

三、开花期

开花期指黄花菜从开始采收到结束所需的时间，依不同品种和管理情况，在30～60天。一般早熟种与晚熟种时间短，中熟种时间长，肥水条件好的，花期可以延长。采收期间，花芽还在不断地分化和发育，开花期的长短，直接关系到产量的高低，所以仍需及时灌水、追肥。

一个长约2厘米的花蕾，距离开花的时间需7～8天。初期花蕾生长很慢，开始3～4天，每天伸长0.1～0.5厘米，但于开花前3～4天，则生长迅速，每天伸长达2厘米左右，故严格掌握采收期，做到适时采收十分重要。采收最好是在花蕾裂嘴前2小时左右进行，此时花蕾已充分肥大，呈黄绿色，花被上纵沟明显，这时采收能保证产量高，品质好。

四、冬苗生长期

抽出花薹后，花薹下部的腋芽陆续萌发生苗，此时期被称为冬苗生长期。冬苗的旺盛生长是在花蕾采收完毕后，特别是当春苗提早枯萎，或受到机械损伤后，其极易大量萌发。一般认为，春苗生长的好坏直接关系到当年的产量，而冬苗主要将光合作用制造的有机物贮积于根和短缩茎内，供来年发苗生长。所以冬苗生长的好坏，主要影响来年的产量。

五、休眠期

霜降后植株的地上部枯死，进入休眠期。休眠期应注意在地面壅土（培蔸），防止短缩茎露出地面；同时做好冬灌，为来年春苗早发快长奠定基础。

第四节 干物质累积规律、养分吸收累积特征

一、干物质累积规律

在黄花菜春苗期，纤细根吸收氮素的强度最高，随着生长的进展，逐渐减弱。营养贮备期，植株根系活动旺盛，需氮量大，纤细根吸氮强度增加，一部分贮藏在肉质根中，至冬季，达最高水平。春苗期中根系氨基酸含量较稳定，为全年最低，薹期后，氨基酸含量上升幅度较大，蕾期又有所下降，营养贮备期含量逐渐上升至全年最高水平。

初霜来临时，地上部停止生长，肉质根中可溶性糖含量达全年最高水平。萌发春苗所消耗的碳素营养，主要以贮藏的蔗糖的形式进行补充。贮藏的蔗糖越多，则越利于根系安全越冬和有利于春苗萌发。

黄花菜的苗数在冬末春初即已发完，以后很少再发新苗。并且黄花菜的苗数在一定程度上决定了黄花菜的生物产

量和花蕾产量，一般说来，苗数越多，总抽薹数就越多，其生物产量和花蕾产量越高。

同一品种不同发育阶段相比，均以花蕾期的生物产量最高，占生物总产量的50%左右，明显大于苗期和抽薹期的生物产量，苗期和抽薹期的生物产量相差不大，各占全生育期生物产量的20%～30%。

二、养分吸收累积特征

黄花菜自2月中旬陆续出苗后，到花薹抽生前的这一阶段供应的营养，主要用于出苗、长叶，促进叶片的早生快发，使叶片生长健壮，为争取花薹与花蕾分化的数量和质量打下基础。经过旺盛的营养阶段后，进入花薹分化期，由营养生长进入生殖生长。此时一方面要迅速抽薹、孕蕾；另一方面叶片仍在继续增长。因此，从孕薹到抽薹、孕蕾这一段时间，是黄花菜一生中需肥最多的一个阶段。

各生育阶段黄花菜地上部N、P、K含量的规律都是：K＞N＞P。且差异较大，尤以K、N吸收量明显大于吸P量。不同发育阶段相比，花蕾期N、P、K吸收量明显大于苗期和抽薹期，占全生育期N、P、K总吸收量的50%～80%，苗期和抽薹期N、P、K吸收量相差不大，各占全生育期总吸收量的10%～20%。各品种吸收N、P、K变化规律基本相似：从苗期到抽薹期减少，到花蕾期后增加。

针对具体的矿质元素而言，不同的矿质元素在黄花菜中的累积程度也存在不同。总体来说，黄花菜植物对 K、Ca 两种元素有非常强的富集作用；对 Mg、Zn、Mn、Cu 和 Se 也有较强的富集作用，而对 Ni 和 Fe 的富集作用较弱，对污染元素富集性很弱，尤其是食用的花蕾甚至基本不富集。这体现在黄花菜各器官中均以 K、Mg、Ca 的含量最高，Fe、Mn、Zn 的含量次之，Cu、Ni、Se 的含量最低。同一元素在黄花菜中的含量又会受品种、产地以及生育期的不同而产生差异。

而同一矿质元素在黄花菜不同部位的累积程度也存在差异。花蕾与叶是多种矿质元素主要积累的部位，叶中的 K、Mg、Ca、Mn 的含量基本均高于其他部位；花蕾中的 Zn、Ni 含量明显高于其他部位，同时 K、Mg、Mn、Cu 也在花蕾中有较大积累；根中的 Fe、Cu 较其他部位积累更多；Se 在黄花菜中含量很少，在各部位中的差异并不明显。

第五节　繁育方式

黄花菜的繁殖分有性繁殖和无性繁殖，生产实践中常采用无性繁殖的方法繁殖后代植株，农业生产中最常用的繁育方式为分株繁殖、分芽繁殖、种子繁殖、组织培养与花葶扦插育苗等。

一、分株繁殖

此方法是最常用的繁殖方法。一种是将母株丛全部挖出，重新分栽；另一种是由母株丛一侧挖出一部植株做种苗，留下的让其继续生长。春秋时节（8 月中旬至第二年 3 月中旬）进行最为适宜，选择晴天，挖苗和分苗时要尽量少伤根，挖出的根剪去老、弱、病和过多的须根，每株根茎保留 2～3 层根，边挖边栽，种植于大田，田地翻土施入底肥后覆盖细土，根种植不易过深，定植后浇足水并适当追肥，在适当时间进行培土有利于根际生长。

二、分芽繁殖

黄花菜的茎节间缩短、呈肉质状、埋于地下，在每个肉质茎上着生许多小的凸起称为隐芽簇，每个隐芽簇含有 6 个隐芽，交替排列在肉质茎的两侧，隐芽一般不萌发，只有在主侧芽受到损伤时，隐芽才会萌发长出新的个体。

根据黄花菜的这一特性，把肉质的根状茎按照隐芽的分布，人工用刀切开，通过培养或种植使隐芽萌发长出新的个体具体方法如下。

1. 良种株选育

选择符合黄花菜优良特征的生长健壮的多年生植株，从栽培地挖出，去除残根枯叶及泥，据根部的自然分蘖，把短缩茎用手掰成一个个单株。最好在春秋季进行。

2. 芽块剪取

分横切法和斜切法。横切法是用刀从主芽下边的年痕处把肉质的根状茎横切断，从上往下依次从年痕处或每隔 1～2 厘米处横切一刀，将肉质的根状茎分成若干段，每段保证具有 2～3 个芽簇。斜切法是将主芽与侧芽呈一定角度斜切，然后以相反的角度把侧芽切下来。不论采用哪一种方式，所切的芽必须保证有一定数量的肉质根，以便为芽萌发提供充足的营养。

3. 育苗和栽培

所切的芽块可直切栽培于大田，但为保证质量，栽前应先进行育苗，整平苗床后进行开沟，行距 20 厘米左右，每沟栽一行，株距 6 厘米左右。切块育苗覆土要浅，最好 1～2 厘米，以保证良好的透气，便于快速萌发成植株。栽前掌握好土壤墒情，灌足底水，将育好的苗根系理顺定植，覆土厚 3～5 厘米，对于已萌发顶芽的芽块，可剪去一部分枝叶，栽植后小水浇足，随后在上面覆盖一层地膜，1 个月后及时进行放苗，并加强苗期水肥管理。

三、种子繁殖

黄花菜属于异花授粉作物，能够自然结果，在不同品种间果实的差异显著，黄花菜凭借爆破弹射释放花粉，因此将花粉散落到花药上的难度相对较大，进行人工授粉能很好地解决这一问题。

1. 选择制种的种株

根据优质黄花菜地上部分特征特性，选择生长健壮、无病虫害、栽植 5～8 年的黄花菜。初花期每个花葶上留 4～6 个粗壮花蕾不采摘，让其开花结实留作种子，其余花蕾继续采摘。这样对产量影响较小，并使留下的花蕾有充足的养分供应，使种子发育良好，种子裂开后采摘，晾晒干燥后留种备用。

2. 育苗

黄花菜可在春秋季进行育苗，秋播的当年就能萌发形成种苗，比春播的发苗要快，但苗小冬季易受冻害，不便管理。因此多采用春播。育苗时，整理好苗床后施足底肥，并进行浇水以保证墒情。种子在育苗前先在温水中进行催芽，然后点播于整理好的苗床上，行距 15 厘米，株距 3 厘米，然后其上覆土，覆土不易太厚。一周左右出苗，出苗后进行低温炼苗，以提高种苗的抵抗力，及时除草并预防病虫害，以形成壮苗、健苗。

四、组织培养

组织培养又称立体培养，是指从植物体分离出需要的组织器官，并进行培养使其成为完整植株体的操作过程。由于组织培养法能够快速繁殖植株体，因此对一些繁殖系数低，不能用种子繁殖的植株品种意义重大。在生物技术发展的今天，该技术已相当成熟，多数成熟和未成熟的植株都可通过组织培养获得。

黄花菜可利用组织培养的方法进行工厂化种苗繁殖，以茎、花梗、花蕾等为外植体，通过诱导培养、生根培养，可培养成完整的植株。由于组织培苗是在无菌、有营养供给、适宜光照和温度、近 100% 的相对湿度的环境条件下生长的，因此，在生理、形态等方面都与自然条件生长的小苗存在很大的差异，所以必须通过炼苗，如控水、减肥、增光、降温等措施，使其在生理、形态、组织上发生相应的变化，逐渐适应外界环境，只有这样才能保证试管苗顺利移栽成功；然后再进行大田栽培，以获得更高的成活率及更好的价值。

五、花葶扦插育苗

黄花菜采收后，从花葶中、上部选苞片鲜绿、且苞片下生长点明显的，在生长点的上下各留 15 厘米左右剪下，剪切成 30 厘米左右的茎段，使其平铺插到土中，两端均入土覆盖，茎段有生长点的部分露出地面，插后及时浇水，1 周后即可长根生芽。

参考文献

[1] 曹立耘．黄花菜不同生育期的施肥方法[J]. 农村百事通，2015(9)：35.

[2] 方平．黄花菜的生长发育特点及施肥技术[J]. 河南农业，2004(1)：14.

[3] 李海凤，戴诚，王先芸．黄花菜种植气象条件分析及灾害防御对策[J]. 现代农业科技，2016(14)：239.

[4] 罗志勇，陈淑平，黄晓芳，等．湖南黄花菜主栽品种的生长发育特性和生物质积累规律[J]. 湖南农业科学，2017(10)：15-17.

[5] 施德云，杨广谊，章锦杨．黄花菜主栽品种“蟠龙花”生育特征及优质高效栽培技术[J]．上海农业科技，2005(1)：77.

[6] 孙永泰．黄花菜的繁殖[J]．农业科技与信息，2004(4)：18.

[7] 张谋草，李宗耷，黄斌，等．越冬期不同覆盖对土壤水分变化及黄花菜生长和产量的影响[J]．土壤通报，2007，38(4)：23-26.

[8] 张杨珠，陈涛．湖南省主要黄花菜品种生长发育和养分吸收规律研究[J]．作物研究，2008，22(2)：95-100.

[9] 赵晓玲．陇东旱塬黄花菜抽薹期和结蕾期灌水量的研究[J]．农技服务，2010，27(1)：23-24.

[10] 周裕荣，曾维萍．黄花菜根系活力及营养物质的周年变化研究[J]．西南大学学报(自然科学版)，1995(3)：224-227.

第4章　黄花菜品种及分类

黄花菜的品种较多，种质资源丰富，长期栽培，园艺上很容易杂交。国外的品种已经达到4万多个，属于百合科花卉中品种最多的萱草属。

第一节　黄花菜主要栽培品种

不同的黄花菜品种具有不同的加工特性、成熟时间及应用价值。据《中国植物志》记载，萱草属约有14个品种，我国有11个品种（表4-1）。我国主要的栽培品种包括黄花菜、北黄花菜、小黄花菜和萱草等。

一、黄花菜

黄花菜又称金针菜、柠檬萱草。植株一般较高大，根近肉质，中下部常有纺锤状膨大。叶7～20片，长50～130厘米，宽6～25毫米。花葶长短不一，一般稍长于叶，部三棱形，上部略呈圆柱形，有分枝。苞片披针形，花葶下部的可长达3～10厘米，自下向上渐短，宽3～6毫米。花梗较短，通常不到1厘米。花多朵，最多可达100朵以上。花被淡黄色，时在花蕾顶端带黑紫色，花被筒长3～5厘米，花被裂片长7～12厘米，内三片宽2～3厘米。蒴果钝三棱状椭圆形，长3～5厘米。种子20多个，黑色，有棱，从开花至种子成熟需40～60天。此种类的花都是在午后2～8时开放，次日11时以前凋谢，2～3天脱落。此种类产于秦岭以南各省区（包括甘肃和陕西的南部）以及河北、山西和山东，生于海拔2 000米以下的山坡、山谷、荒地或林缘。

二、北黄花菜

根大小变化较大，但一般稍肉质，多为绳索状，粗2～4毫米。叶长20～70厘米，宽3～12毫米。花葶长于或稍短于叶。花序分枝，常为假二歧状的总状花序或圆锥花序，具4至多朵花。苞片披针形，在花序基部的长可达3～6厘米，上部的长0.5～3厘米，宽3～5厘米。花梗明显，长短不一，一般长1～2厘米。花被淡黄色，花被筒一般长1.5～2.5厘米，花被裂片长5～7厘米，内三片宽约1.5厘米。蒴果椭圆形，长约2厘米，宽约1.5厘米。花果期6—9月。本种和黄花菜很相近，区别是花被筒较短。本种产自黑龙江（东部）、辽宁、河北、山东（泰山、崎山）、江苏（连云港）、山西、陕西和甘肃南部等地，生于海拔500～2 300米的草甸、湿草地、荒山或灌从下。

三、小黄花菜

根一般较细，绳索状，粗1.5～3毫米，不膨大。叶长

20～60 厘米，宽 3～14 毫米。花葶稍短于叶或近等长，顶端具 1～2 花，少具 3 花。花梗很短，苞片近披针形，长 8～25 毫米，宽 3～5 毫米。花被淡黄色，花被筒长 1～2.5 厘米，花被裂片长 4.5～6 厘米，内三片宽 1.5～2.3 厘米。蒴果椭圆形或矩圆形，长 2～2.5 厘米，宽 1.2～2 厘米。花果期 5—9 月。本种产自黑龙江、吉林、辽宁、内蒙古（东部）、河北、山西、山东、陕西和甘肃东部等地，生于海拔 2 300 米以下的草地、山坡或林下。

四、萱草

别名鹿葱、川草、忘郁等。根近肉质，中下部有纺锤状膨大。叶一般较宽。花早上开，晚上凋谢，橘黄色。花被筒长 2～3 厘米，内花被裂片宽 2～3 厘米。在我国有悠久的栽培历史，由于长期栽培变异很大，类型极多。表 4-1 为我国萱草属植物主要分布区域。

表 4-1 我国萱草属植物主要分布区域

种名	分布区域
萱草	各地均有
北萱草	河北、山西、河南北部、甘肃南部
小萱草	吉林
矮萱草	黑龙江、吉林、辽宁
大苞萱草	河南、湖北
多花萱草	云南西北部、四川西南部
西南萱草	云南中部和西北部、四川西部
折叶萱草	秦岭以南、河北、山西、山东

续表 4-1

种名	分布区域
黄花菜	新疆西部、西藏西南部
小黄花菜	黑龙江、吉林、辽宁、内蒙古、河北、山西、山东、陕西、甘肃
北黄花菜	黑龙江、辽宁、河北、山东、江苏、山西、陕西

第二节　黄花菜品种分类

国内外对黄花菜做了不少的研究，但是在植物学分类上仍然存在一些问题。目前对品种的分类尚无定论，山东农业大学草坪研究所制定了五级标准，按照染色体数目分为二倍体和四倍体；按照株型大小分为大株型、中等株型、小株型；按照绿期长短分为休眠群、常绿群和半常绿群；按照花期的早晚分为早期开花、中期开花；按照花部的特征分为大型花、小型花和微型花。国内还有一些其他类型的分类。

一、按照植物形态特征分类

民间命名黄花菜很随意，不规范，且较混乱。调查发现，同种异名、异种同名问题较为严重。有人以黄花菜的花蕾、花被、叶片、花葶、根系等植物形态特征和经济性状为主要依据，将黄花菜分为马莲黄花菜、线黄花菜、小花黄花菜、高葶黄花菜、火黄花菜、北黄花菜（表 4-2）。

表 4-2 不同种类黄花菜的形态特征和产量

种名	形态特征	产量/（吨/公顷）	
		平均产量	最高产量
马莲黄花菜	叶形似马莲，根系淡棕红色，花蕾黄色，顶端带有淡褐色，花药金黄色，平均重 5.7 克左右	1.8	5.82
线黄花菜	叶片窄细，根系淡棕红色，花蕾黄色，顶端带有淡褐色，花药金黄色。平均重 5.1 克左右	1.5	5.22
小花黄花菜	花蕾较小，根系淡棕红色，花蕾黄色，顶端带有淡绿色，花药金黄色，平均重 2.5 克左右	1.13	2.25
火黄花菜	叶片基部呈现红色和花蕾顶端黑紫色，根系棕色，花蕾黄色，花药紫色，平均重 5 克左右	1.12	1.5
高葶黄花菜	花葶高大，根系浅棕色，花蕾黄色，顶端带有淡绿色，花药金黄，边缘紫色，平均重 2.5 克	1.05	1.5
北黄花菜	根系绳索状，深棕色，花蕾黄色，顶端带有黑紫色斑点，花药紫色，平均重 2.2 克	0.53	0.9

二、按照成熟时间分类

黄花菜按成熟时间可分为早、中、迟熟三大类型。早熟品种有四月花、早茶山条子花、五月花和清早花等；中熟品种有短箭中期花、高箭中期花、猛子花、白花、黑阻花、茶条子花、杈子花、炮竹花、冲里花、青叶子花、粗箭花、长把花、棒槌花、金钱花和长嘴子花等；迟熟品种有细叶子花、中秋花、倒箭花和大叶子花等。

三、按照加工特性分类

按加工特性可分为：莉子花、茶子花、猛子花、荆州花和长嘴子花等适宜于加工成干菜品种，因其花蕾长度中等、色泽金黄、水分含量中等，加工成干菜后，花蕾直而整齐、质厚而软、呈淡黄色、味清香，具有较高的商品价值；大乌嘴、蟠龙花、四月花和白花等适宜做鲜菜品种，因其植物秋水仙碱含量较其他品种低，花蕾大质地厚、花瓢组织松而脆、鲜食味甜而香、适口性好；细叶子花、野花、小花等品种因秋水仙碱含量高，适宜于做提取植物秋水仙碱原料用于治疗痛风性关节炎的急性发作。

四、按照颜色分类

黄花菜属于萱草属，拥有丰富的颜色种类，在园艺种植种可以作为观赏性植物。常用的几种观赏品种有半常绿粉红、半常绿小黄花、半常绿白花。

半常绿粉红，花色为粉色，花喉黄绿色，花瓣边缘略皱，瓣上脉络清晰。花径 9 厘米。花茎高为 63 厘米左右。在上海花期为 6 月初至 6 月底，花期持续时间较长，冬季半常绿，生长健壮。

半常绿小黄花，黄色小花花径 7 厘米，花茎 60 厘米左右。晚花期，在上海花期为 6 月底至 7 月下旬，此品种较耐热，冬季半常绿，生长健壮。

白常绿白花，白色中花，在光照强烈处几乎为白色，花喉黄绿色。花径 12 厘米，花茎为 60 厘米左右。晚花期，在上海花期为 6 月底至 7 月下旬，此品种也较耐热，冬季半常绿，生长健壮。

参考文献

[1] 程沛霖，王庆瑞．甘肃黄花菜品种及其快速繁殖法的研究[J]. 园艺学报，1985(3).

[2] 洪亚辉，张永和，屠波，等．不同品种的黄花菜鲜干花营养成分比较[J]. 湖南农业大学学报(自然科学版)，2003，29(6)：503-505.

[3] 颉敏昌．庆阳市黄花菜面积普查及品种资源调查[J]. 现代农业科技，2011(24)：164.

[4] 颉敏昌．庆阳市黄花菜品种资源及栽培技术[J]. 甘肃农业科技，2012(1)：53-55.

[5] 刘志敏，胡晓华，赵飞强．黄花菜品种资源聚类分析初探[J]. 湖南农业大学学报(自然科学版)，1989(2)：33-39.

[6] 王毅民．我国主要黄花菜品种资源营养成分分析简报[J]. 甘肃农业科技，1997(5)：21-22.

[7] 向志民，何敏．我国金针菜品种资源评价[J]. 陕西农业科学，1998(5)：27-28.

第 5 章　黄花菜露地栽培技术

第一节　选种育苗

一、品种选择

选择具有优质、高产、早熟、肉质厚、抗病虫、抗旱等较强的品种，如百花、猛子花、荆州花、大乌嘴等。一般中熟品种产量较高，早、晚熟品种产量较低。黄花菜的采收时期长，适当安排早熟与晚熟品种，做到早、中、晚熟品种的合理搭配。

二、育苗处理

选择长势强、植株健壮、生长多年的老黄花菜作种苗。首先，从母株丛挖出部分或全部根茎，抖去泥土，剪去短缩茎下层的黑蒂，并将肉质根上膨大的纺锤根剪短到 5～7 厘米，清除朽根。其次，将短缩茎上部的苗叶剪留 6～7 厘米，并去掉残叶。最后将修剪好的种苗放入 50%甲基托布津可湿性粉剂 1 000 倍液或 40%多菌灵悬浮剂 800 倍液中浸泡

10～15 分钟消毒，捞出晾干后待植。

第二节 选地与整地施肥

一、选地

黄花菜有较强的抗逆性，根系发达，耐旱力强，对土壤要求不严，可选择地边、沟坡、路旁的零星耕地或中度以下盐碱地、瘠薄河滩地上栽植。但因其喜水、喜肥、耐盐碱，以土层深厚，土壤肥沃，抗旱能力较强，地势低且排灌方便的沙壤土为最佳。小坡地种植，必须先修梯田后栽植；25℃以上的陡地一般不宜种植。

二、整地

黄花菜的根系为肉质根系，根系发达，入土较深，且黄花菜作为多年生作物，定植后通常可以连续采收 15 年左右，因此需有一个肥沃疏松的土壤环境，以保证根系的正常生长。通常在定植前的 15 天左右，对土壤进行深翻，深度一般在 30 厘米以上，打破犁底层；然后出去杂草、整平耙细、修渠、作畦。

三、足施基肥

黄花菜作为喜肥多年生作物，定植前要施足基肥，适当增加肥料可提高产量，结合整地施足基肥，基肥以有机肥为主，可采用沟施或穴施，施腐熟有机肥 4～5 吨/亩，尿素 25 千克/亩，过磷酸钙 50 千克/亩。

如果土壤 pH 高，还应施入适量的土壤化学改良剂，如石膏、黑矾、普钙等。如果土壤养分状况差，需施入适量的氮、磷、钾速效肥料。地下害虫严重的地块，需施辛硫磷等农药。

第三节　田间栽植

一、栽植时间

黄花菜除盛苗期和采摘期外，其他时间均可定植。一般以春、秋季栽植为宜。春栽在 3 月中旬至 4 月下旬，土层化冻 20～30 厘米，返青前为宜；秋栽以地上部叶片干枯到大地封冻前为宜，一般在 9 月下旬或 10 月上旬进行较好，这一时期地温高，气温低，生根不发芽，菜苗处于休眠半休眠状态，移栽到土中，较快地适应异地环境，翌年春不再缓苗。秋栽植黄花菜，宿根贮存养分较多，植株生长健壮，利于分蘖的形成且成活率高，故秋栽比春栽好。

二、栽植形式与密度

1．宽窄行栽植法

每畦 2～4 行，宽行距 1.3 米，窄行距 0.7 米，每亩留苗 3 500～4 000 株，栽后踩实，苗子露出地表 1 厘米，并浇水缓苗。

2. 单行单株法

株距 0.3～0.5 米。每亩留苗 4 000 株。

3. 单行穴栽法

穴距 0.5 米，每穴呈 0.2 米边长的等边三角形，每角栽一株，每亩栽 1 400 穴，亩栽苗 4 200 株。

4. 单行双株法

株距 0.4 米，行距 0.5 米，每穴栽 2 株，亩栽苗 3 500 株。

5. 快速高产密植法

宽行 0.8 米、窄行 0.4 米，开沟种植，每亩用苗 12 000 株。

6. 规模化种植机械管理种植法

行距 2 米，株距 0.22 米，每亩用苗 3 000 株。

三、栽植深度

黄花菜具有发根部位逐年上移的特点，根群是从短缩茎周围生长出来的，特点是一年一层，自下而上，发根部位逐年上移。黄花菜栽得深浅与盛产或迟早有密切关系。栽植过浅，分蘖过快，过早出现“毛蔸”外露，缩短盛产年限；栽植过深，盛产期推后，一般栽植深度以 12 厘米左右为宜。沙壤土可适当深些，黏壤土可适当浅些，总的要求把苗的短茎顶部栽入土中 2～3 厘米，露苗 4～5 厘米高为宜。

四、栽植方法

移栽时，要使根疏展，周围覆土踏实，并在株丛中间适当添一点土，这样有利于根的发育。秋季栽培，可栽得深些，防止冻害；春季栽培，一般土埋没茎盘上部即可。栽培黄花菜一定要保证土壤潮湿，如土壤干旱要及时浇水。

第四节　田间管理

一、定植后幼龄期管理

定植时大小苗分别定植，栽后灌水，2～3 天后浅锄 1 次，填平裂缝，以利于缓苗。秋季栽植，翌年早春即可萌发出苗。如果土壤盐碱地下湿，可采用地膜覆盖。出苗后，及时做好查苗、补苗工作，消除田间杂草。大雨过后，及时排掉田间积水，土壤封冻前浇好越冬水。

二、合理排灌

黄花菜属喜水作物，在生长发育期保持一定的土壤水分有利于高产，出苗后抽薹前，第 1 水必须浇足；抽薹到采摘，每隔 1 周浇 1 水；采收到终花期，保持土壤湿润；采摘结束后浇 1 水，封冻前进行蓄墒，延长功能叶，为来年丰产积累养分。尤其在花期不能缺水，有灌水条件的地方可在花期浇水 2～3 次。如果缺水严重，黄花菜会表现为花薹细小、落蕾数高、高矮不齐等。

黄花菜苗不耐涝，多雨季节，黄花菜应及时做好排水，防治渍涝，否则造成减产，甚至植株死亡；干旱高温季节，视土壤墒情，适期灌溉，保持土壤湿润，以提高产量和品质，避免因干旱而造成花蕾脱落，产量下降。

三、中耕培土

黄花菜系肉质根，需在肥沃疏松的土壤环境下，才能立于根群的生长发育。中耕具有疏松土壤，增强透性，提温保墒，蓄水保水，消灭杂草，促进植株健壮生长等作用。黄花菜的根系为多年生，每年都会向上簇生生长，为促进根系发育，应结合中耕进行培土，使根系通气性良好，利于根系生长发育。培土要逐年进行，但深度应适当控制。

在黄花菜整个生育期间，一般在生育期间中耕 2～3 次即可。初次在幼苗出土期间，春季降雨量增多，土壤易板结，杂草易滋生，应趁春苗未出土之前，抢晴天及时进行中耕，进行第 1 次中耕松土，先把冬壅于株丛顶部的“客土”用耙头疏开弄碎，培于株丛周围，以利于春苗萌发出土；同时，还应对行间全面中耕，疏碎耙平土壤，清除杂草。第二次在抽薹期，结合培土进行。冬季采收后再进行深耕中一次。黄花菜出苗后，根据幼苗生长情况与土壤板结程度等，在晴天再进行 1～2 次中耕，保持土壤疏松，无杂草。

四、保蕾

黄花菜常因水肥供应不足或不及时而造成落蕾。为防止落蕾，除了要搞好中耕、施肥和适量浇水外，还可在抽薹始期喷施叶面肥进行保蕾。将 1%的 2，4-D 原液稀释 6 000 倍全面喷洒植株，或者用 30 克/千克的“BA”生长激素在第一朵花开放后进行喷洒，以后每隔 7～8 天喷 1 次，共喷 2～3 次。

五、休眠期管理

1．割老叶

寒露时，黄花菜叶全部枯黄，要齐地割掉，并烧掉枯草、烂叶，减轻来年病虫危害。黄花菜采摘后，剩下的花薹和叶片，相继枯蔫衰老，但仍继续消耗水分和养料，及时割除，使养料集中供给地下根部。

2．促发冬苗

黄花采摘后，苗叶随即枯死，9 月份又从宿根部发出新叶（冬苗），初霜时枯萎。冬苗生长愈旺盛，制造和积累的有机养料愈多，来年冬苗便发得快、出苗壮。割秧后，每亩施入人粪尿 300～400 千克或猪牛粪 700～750 千克，以利于早生冬苗。

3．堆蔸

冬苗枯死后，在每穴上随即施入有机肥，称为堆蔸。黄花根系每年从新生的茎节上发生，有逐渐向上生长的趋势。堆蔸可以加深耕作层，保护黄花不露蔸，堆蔸以肥沃的塘泥、河泥最好，每穴 5 千克左右。新植的黄花，可不堆蔸。

六、合理间作

新栽黄花菜前两年，苗小、产量低，可在大行间种一些低秆作物，如豆、瓜、薯类等。同时，间作作物应距黄花有一定的距离，并分别追肥，以缓和间作作物和黄花争水争肥的矛盾。

第五节 科学施肥

黄花菜是喜肥、耐肥的作物。每产 50 千克干菜，需纯氮（N）5.0～6.5 千克，磷（P_2O_5）3.0～4.0 千克，钾（K_2O）4.0～5.0 千克，氮、磷、钾养分比例为 1∶0.6∶0.8。黄花菜需肥量高，主要施肥阶段包括早期的基肥、苗肥，中期的抽薹肥及后期的蕾肥。使用时要氮、磷、钾全面均衡。由于黄花菜是多年生作物，因此，在施肥时要做到充足基肥，多施有机肥；施好苗肥，适时施用薹、蕾肥。抽薹至现蕾期是黄花菜整个时期需肥量最大的时期，该时期占需肥总量的 50%左右。

一、重施基肥

黄花菜的幼芽在开始萌动期间，因温度较低，土壤中微生物尚不活跃，可供利用的有效养分较低，而且黄花菜的根系吸收能力较弱，地上部分生长量大，不能满足其萌芽长叶对养分的需要，会导致苗小苗弱，难以形成健壮的花茎，因此必须在春季重施基肥。基肥以有机肥为主，可沟施或穴施，每亩施腐熟有机肥 2.5～3 吨、过磷酸钙 50～75 千克、火土灰 100～150 千克、饼肥 50～75 千克，施后覆盖 5～7 厘米厚的细土，不使根系直接接触肥料，以防发生烧根现象。

二、速施催苗肥

4 月上中旬在施春苗肥前，应将上一年冬季堆篼的土杂肥打碎，培在黄花蔸周围，以利于出苗。苗肥一般在黄花菜开始萌芽时，每亩施尿素 15 千克。主要用于出苗、长叶，促进叶片早生快发，宜早不宜迟，以达到促苗生长健壮，增强抗病虫害的能力。

三、巧施薹肥

从孕薹、抽薹至现蕾，是黄花菜生长过程中需肥最多的阶段，薹肥施用原则是以速效化肥为主，氮、磷、钾配合施用，促使快抽薹、分枝多、早现蕾。试验表明，适时施好抽薹肥，要比未施抽薹肥的提早 7～10 天抽薹。薹肥一般每亩施尿素 15 千克、过磷酸钙 15 千克、硫酸钾 5 千克。可分 2 次施下。第 1 次于黄花菜叶片 8～9 叶期施用，第 2 次于黄花菜叶片 18～20 叶期施用。

四、紧施壮蕾肥

抽薹期的黄花菜，花蕾也在孕育生长，要让花蕾健壮多生，减少落蕾，增施肥料可收到显著的增产效果。一般6月下旬至7月上旬（早熟品种应适当提前），结合浅中耕，每亩施过磷酸钙7.5千克、硫酸钾5千克。黄花菜在采摘期每隔7天左右，可叶面喷施0.1%的磷酸二氢钾水溶液1次，每亩喷60～75千克肥液，对壮蕾和防止脱蕾有明显效果。

五、施好越冬肥

为培肥地力，保证来年高产，结合深刨，亩施优质农家肥3 500千克，过磷酸钙50千克。黄花菜生长期中冬肥最重要，对来年黄花菜产量影响极大，一般在黄花菜地上部分停止生长经霜后凋萎时进行。冬肥以有机肥为主，用量要多，据土壤肥力及肥料种类而定，一般每亩施腐熟猪牛粪1.5～2吨，或人粪尿1吨以上，或饼肥40～60千克，或优质堆肥2～2.5吨，并配合适量磷肥。条件好可多与肥料混施，如先施人粪尿，后施猪牛粪等。施肥可于丛距之间或行间，距株丛10厘米处，开宽15～20厘米、深15厘米的施肥穴（肥料多的，施肥穴加深放宽）进行深施，施后覆土以提高肥效。

第六节　病虫害防治

黄花菜的主要虫害有红蜘蛛、蚜虫、蓟马与地下害虫；主要病害有锈病、叶斑病，叶枯病、黄叶病、基腐病、根腐病与枯萎病等。由于黄花菜的食用部位是花蕾和嫩叶，在病虫害防治过程中要禁止使用残留较高的有机氯农药和剧毒农药，在采食嫩叶和采花蕾前10天禁止喷施农药。

一、虫害防治

1．红蜘蛛

(1) 危害症状

红蜘蛛学名叫叶螨，细小而形似蜘蛛，主要危害黄花菜叶片，以成、幼虫以及螨群集叶背面，以刺吸式吸口器吸食植株的汁液。被害处呈现淡黄色至焦黄色小点，严重时整个叶片呈灰白色，最终枯死。一般每年4—7月均可发生，降雨少，田间干旱情况下发生较重。

(2) 防治方法

①于早春清除田间的枯枝落叶等杂物，消除越冬的红蜘蛛。

②在苗期发现红蜘蛛危害时，用20%的双甲脒乳油1 000～2 000倍液，或1.8%阿维菌素2 000倍液，或73%克螨特乳油1 500倍液，或50%辛硫磷乳油2 000倍液，进行茎叶喷雾，施药时间以上午9—10时、下午4—5时效果较好。

2．蚜虫

(1) 危害症状

在黄花菜生产中，虫害发生最为普遍、危害性最大的是黄花蚜虫。黄花蚜虫系无翅胎生蚜虫，体长3～5厘米，全身粉白色，卵有小米粒大，幼虫体绿色，有足3对，分泌物能引诱蚂蚁，能孤雌生殖，繁殖速度快。该蚜虫 1 年发生 15～25 代，世代重叠，在 20～25℃条件下，4～6 天可完成 1 代。繁殖适温为 22～26℃，相对湿度为 60%～75%，一般无越冬现象。在春季黄花菜出苗后迁入，在花蕾期发生最多。该虫一般 5 月中下旬群集于叶片背面，6 月中下旬蔓延到薹、花蕾上，以 7 月危害最烈。黄花蚜虫先是群集于叶背，先为害叶片，造成叶片失绿和茎秆枯死；后又蔓延到花薹、花蕾上，刺吸汁液，严重时花蕾全部被虫体覆盖成白色，使花蕾发育不良和脱落，影响黄花菜的产量与品质。

（2）防治方法

防治黄花菜蚜虫应从嫩茎 15～20 厘米高时，开始密切注意观察其植株上是否有白色的蚜虫，及时早治，其防治方法如下：

①农业防治。加强肥水管理，培育壮苗；铲除田间以及周边杂草，收获后深翻整地，杀死一部分越冬卵。

②天敌治蚜。充分利用和保护天敌以消灭蚜虫。蚜虫的天敌种类很多，主要分为捕食性和寄生性两类。捕食性的天敌主要有瓢虫、食蚜蝇、草蛉、小花蝽等，寄生性的天敌有蚜茧蜂、蚜小蜂等寄生性昆虫。在生产中对它们应注意保护并加以利用，使蚜虫的种群控制在不足以造成危害的数量之内。

③植物源农药防治。植物源农药是指有效成分来源于植物体的农药，属于生物源农药的一大类。植物体产生的多种具有抗虫活性的次生代谢产物，如生物碱类、类黄酮类、蛋

白质类、有机酸类和酚类化合物，均具有良好的杀虫活性。如选用10%烟碱乳油500～1 000倍液，或0.5%藜芦碱可溶性液剂200～500倍液，1%苦参碱可溶性液剂每亩50～120克喷雾防治。

④化学药剂防治。露地栽培应掌握田间蚜虫点片发生阶段及时施药，药剂可选用50%抗蚜威可湿粉剂2 000～3 000倍液，或20%吡虫啉可溶性液剂每亩5～10克、4.5%高效氯氰菊酯乳油每亩14.4～26.4克、2.5%高效氯氟氰菊酯乳油每亩15～20克等喷雾防治，7～10天喷1次，共2～3次，发生危害重时应5～7天防治1次，连续数次，直到完全控制虫口密度。施药时间以早晨6～7时为宜，因此时温度较低，蚜虫活动不太频繁，施药时应注意着重喷叶片背面、嫩茎等部位，从上至下逐步喷洒。但应注意在收获前7天停止用药。

3. 蓟马

(1) 危害症状

蓟马成虫体微小，深褐色，翅两对，狭长透明，若虫淡灰色。成虫和若虫多集中在叶背面或花薹的舌叶夹缝中，锉吸植株幼嫩组织汁液，危害叶片、舌叶及嫩薹，被害的嫩叶、嫩梢变硬、卷曲枯萎、植株生长缓慢，节间缩短，嫩叶受害后叶片变薄，叶片中脉两侧出现灰白色或灰褐色条斑，表皮呈灰褐色，变形、卷曲，生长势弱。成虫和若虫多集中在叶背面或花薹的心叶夹缝中为害叶片、心叶及嫩薹，影响茎薹和花蕾的正常生长。受害花蕾短小，花梗上有黄褐色锉吸痕迹，严重时花蕾弯曲，失去商品价值。

（2）防治方法

①农业防治。早春清除田间杂草和残枝落叶，集中烧毁或深埋，消灭越冬成虫和若虫。勤浇水可消灭地下的若虫和蛹，勤除草可减轻危害。

②物理防治。利用蓟马有趋蓝色的习性，在田间设置蓝色粘虫板诱杀成虫，粘板高度与作物持平。

③化学防治。用药要在早晨露水未干时或傍晚进行，防治药剂可选用10%吡虫啉可湿性粉剂1 500～2 000倍液或5%啶虫脒1 000倍液加2.5%高效氯氟氰菊酯1 500倍液，每亩喷雾药液量不低于30千克（注意不要用有机磷农药）。

4．地下害虫

危害黄花菜的地下害虫有蛴螬和地老虎。发现危害时，用90%晶体敌百虫800倍液、50%辛硫磷乳油1 000倍液，浇灌在被害植株周围；或用90%晶体敌百虫0.5千克兑水10千克，喷于100千克切碎的鲜草或菜叶上，在傍晚洒于株间诱杀，第2天早晨在鲜草或菜叶下面捕捉害虫，尤其对防治地老虎效果较好。

二、病害防治

1．锈病

（1）病害特征

黄花菜锈病与小麦的叶锈病症状相似，是由真菌引起的病害。黄花菜锈病是近几年关中地区流行最广、危害最重的病害。前几年多发生在花蕾末期，主要影响黄花菜的秋季生长，宿根的养分积累。近年来发病期连年提前，初蕾期就出现锈病流行。崇仁县症状始见期在5月上旬，天气转暖时发生，但此时发展缓慢，病菌适宜的温度在 24～28℃，相对湿度为85%以上；主发期在6—7月份，正值黄化花蕾采收旺季，如不进行综合防控，不仅影响产量，更关系到黄花菜的加工品质。10月份气温逐渐降低，但在几次秋雨后此病又开始为害秋苗，潜伏越冬，影响来年。

锈病为害黄花菜的叶片与花茎，初期呈铁锈色泡状斑点，随后破裂，散发黄褐色粉末状孢子，孢子堆排列没有规则，孢子堆周围的叶片往往失绿而呈淡黄色圈。有明显的发病中心，先是点片发生，逐步扩散全田。严重时，由多个疱斑合成一片，导致叶片表皮发生翻卷，且表面覆满夏孢子，最终使叶片失绿，逐渐干枯、变黄，甚至枯死。

在黄花菜生长后期，产生黑色长椭圆形或短线状的冬孢子堆。冬孢子堆埋生于表皮下，表皮不破裂。发病后期，其上产生黑色长椭圆形线条状的冬孢子堆，受害病株少抽薹或不抽薹，花茎变红褐色，花蕾干瘪，易脱落，严重的造成全株叶片枯死。此病轻度发生，减产10%～20%；中度发生，减产30%～40%。

（2）发病因素

①气候因素。据观测，气温20℃、相对湿度85%左右时发病。平均气温在24～26℃、伴有雨湿时，利于锈病的发生与蔓延。

②栽培管理。据试验，偏施氮肥的发病率高，发病早，产量低；N、P、K配方施肥（比例2∶1∶2）的发病率低，发病迟，产量高。花蕾期有地膜覆盖，可提高土壤含水量，花蕾脱落率减少16%。在傍晚喷施0.1%磷酸二氢钾有保蕾作用。

（3）防治方法

①农业防治：选择猛子花、百花等抗病品种，提高抗病能力；对老苗适时复壮，确保植株生长发育；及时清除病株残叶，增施锰、硼等中微量元素，合理施用氮、磷、钾肥，早松土、勤除草，及时开好排水沟，促进根系发达，培育壮苗。

②化学防治：在发病初期，锈病可用25%粉锈宁可湿性粉剂500倍液喷雾防治；在发病期间用12.5%病除净（烯唑醇）可湿性粉剂3 000～4 000倍液、20%腈菌唑可湿性粉剂2 000～3 000倍液、20%三唑酮乳油1 500倍液、50%多菌灵可湿性粉剂600～800倍液、75%百菌清可湿性粉剂600倍液、50%代森锌500～600倍液或40%稻瘟净600～700倍液，每隔7～10天喷1次，连喷2～3次。对发病中心或辐射区重点喷药，其他区域均匀喷雾，隔7～10天喷1次，轮换用药，连喷2～3次。在采摘前20天停止喷药。

2. 叶斑病

（1）病害特征

叶斑病为同色镰孢，属真菌类半知菌。病菌生长适温

15～20℃，最高35℃。主要危害叶片和花薹。叶片初生淡黄色小斑，扩大后呈椭圆形大斑，斑缘深褐色，四周具黄色晕圈，中央由黄褐色变成灰白色。湿度大时，病斑上出现淡红色霉状物，即病原的分生孢子梗及分生孢子。花薹染病，初在花薹上产生很小的褐色小点，后逐渐扩展成中间凹显的边缘暗褐色纺锤形至椭圆形斑，中间粽褐色，当病斑扩大环花薹一周后，花薹逐渐干缩枯死，有时几个病斑汇合成10厘米左右的凹陷病区，影响花薹生长及花蕾形成或致花薹折断枯死。

（2）发病因素

主要以菌丝体或分生孢子在秋苗的枯叶上越冬，翌春条件适宜，孢子萌发，产生芽管，侵染叶片或秋苗，经3天浅育即显症状。显症后7～10天，病部又产生分生孢子，进行再侵染。在黄花菜枯死后，病菌可在枯叶和花薹上越夏，进入秋季侵染秋苗。石泉产区3月下旬开始发病，4月中旬到5月中旬流行。旬平均温度17～18℃，相对湿度高于80%或阴雨天后易流行。此外，偏施氮肥，叶片生长柔嫩，土壤黏重，管理粗放发病重。

（3）防治方法

①农业防治：选用抗病品种，以猛子花系列品种为主栽品种；加强管理，黄花采摘结束后要及时割苗，割下的苗要运出田外集中销毁；采用配方施肥技术，施足有机肥，在春季出苗、抽薹前和采收旺季分别追施苗肥、催薹肥、催蕾肥，每次追肥以速效氮肥为主，氮、磷、钾配合使用；开沟排水，

降低地下水位，防止湿害和涝害；适时更新复壮老蔸。

②化学防治：在发病初期每亩可用70%甲基托布津可湿性粉剂100克/升或10%苯醚甲环唑可湿性粉剂20克，或50%多菌灵可湿性粉剂100克，对水喷雾，隔7～10天1次，连喷2～3次；未发病田块可用80%代森锰锌喷雾进行预防。

3. 叶枯病

(1) 病害特征

种植2年以上的田块，发病较为广泛，受害严重的整株枯死，影响黄花菜的品质和产量。主要针对叶片进行危害。最初是出现褐色小斑点，大多出现在叶尖或叶缘，然后会沿叶脉向上下蔓延，逐渐形成褐色条斑，边缘赤褐色，中央深褐色，上密生小黑点，严重时全叶枯死。病菌可以长期存在病残体上，并可以顺利越冬，易传播，通常是发生在4月下旬，5—6月较重。

(2) 防治方法

可用25%戊唑醇粉剂或50%多菌灵可湿性粉剂600～800倍液等，间隔6～8天喷1次，连喷2次。

4. 黄叶病

(1) 病害特征

多为生理性病害，表现为叶片黄化失绿，生长发育缓慢。发病原因是多方面的，如施肥不当，浇水过多，土壤板结，耕作不当，伤根严重，地下害虫为害，缺素等。

(2) 防治方法

①农业防治：要合理运用水肥，耕作方法要适当，特别是生长发育高峰期，施肥中耕等，农田作业应避免伤根，对于因缺素引起的黄叶病要增加追肥和叶面喷肥，追肥用氮肥、磷钾肥或多元复肥为主，喷施磷酸二氢钾、铁肥等。

②化学防治：黄花菜抽薹前，进行一次全面的病虫害检查和防治，喷洒500倍代森锰锌、3 000倍吡虫啉或啶虫咪和有关营养液混合，达到防病治虫、增加营养的效果；地下害虫为害时，灌水前亩撒施1千克3%的呋喃丹，虫口密度大时用5%的200倍辛硫磷药液灌根，每穴0.5千克。

5. 基腐病

(1) 病害特征

基腐病也叫白绢病，大多发生在离地面较近的黄花菜叶鞘基部，严重的整株或外部叶片基部都会感染。最初出现水渍状的小病斑，呈褐色；随着病情的加重，病斑逐渐扩大，稍有凹陷，且褐色加重并呈湿腐状。随后会在患病处出现绢丝状物，呈白色，不断蔓延，直到整个基部，甚至附近的土壤都出现白色绢丝状霉层。

如果环境潮湿，会形成菌核，开始呈黄色，然后逐渐加深至褐色，大小和油菜籽差不多。且患病的叶片，由于阻断了水分、养分的运输通道，最终导致其变黄枯死。产生的菌丝也由外部叶片蔓延到内部叶片，直至整株枯死。病菌可以长期生存在土壤中，然后通过风雨进行传播。

（2）防治方法

①农业防治：繁殖时不能用有疾病田块的根苗，施用机肥时，不能用黄花菜叶沤制的堆肥；在发病中心周围挖深宽各30厘米的环形沟，生石灰和土1∶3的混合土填平沟，进行封锁防扩散。

②化学防治：对病穴用1∶1∶100的波尔多液或500倍的70%甲基托布津灌根，每穴1千克药液，每7天灌1次，共灌3次；或采用50%多菌灵500～800倍液或70%托布津800～1 000倍液，间隔 6～8天喷1次，连喷3次。

6．根腐病

（1）病害特征

开春是黄花菜根腐病的高发期，表现为返青晚，叶片细小，根茎发黑，肉质腐烂，初发时点片发生，有明显的发病中心。轻时不抽薹，重时整穴死亡。

（2）防治方法

①农业防治：繁殖时不能用有疾病田块的根苗，施用机肥时，不能用黄花菜叶沤制的堆肥；在发病中心周围挖深宽各30厘米的环形沟，生石灰和土1∶3混合土填平沟，进行封锁防扩散。

②化学防治：对病穴用1∶1∶100的波尔多液或500倍

的70%甲基托布津灌根，每穴1千克药液，每7天灌1次，共灌3次。

7. 枯萎病

(1) 病害特征

枯萎病为泡状葡柄菌，属真菌界半知菌。病菌生长适温15～25℃，最高35℃。主要危害叶片和花薹。叶片染病多始于叶尖或叶缘，病斑褐色，边缘明显，后期病斑内部呈深褐色，有时多个病斑连成褐色条斑，或从叶尖向下扩展，致局部叶片枯死。花薹染病，多在距地表35厘米处呈水浸状病变，后变褐色至深褐色长圆形或椭圆形斑，呈赤褐色枯死，湿度大时，斑面生黑色霉层，即病菌分生孢子梗和分生孢子。

(2) 发病因素

主要以菌丝体在枯死秋苗上越冬，第二年春季条件适宜时产生分生孢子，借风雨传播，孢子萌发产生芽管侵入黄花菜，后又在病斑上产生分生孢子，进行再侵染。石泉产区3月下旬开始发病，4月中旬至5月中下旬流行。温度适宜又遇连阴雨天气时易暴发流行。连作地块或排水不良、叶螨为害猖獗时发病重。

(3) 防治方法

①农业防治：选用抗病品种；合理施用腐熟有机肥，在春季出苗、抽薹前和采收旺季分别追施苗肥、催薹肥，每次

追肥以速效氮肥为主，氮、磷、钾配合使用，冬苗枯死后用有机肥堆蔸；开好三沟，雨后及时排水，避免田间积水或温度过大。

②化学防治：在发病初期每亩用 70%甲基托布津可湿性粉剂 100 克或 10%苯醚甲环唑可湿性粉剂 20 克，或 50%多菌灵可湿性粉剂 100 克，或 80%代森锰锌可湿性粉剂 100 克对水喷雾，隔 7～10 天 1 次，连喷 2～3 次。

第七节　黄花菜的采收

黄花菜的采收期一般在 30 天左右，初期与后期产量较少，中期 20 天为采收盛期。黄花菜的花蕾生长时间在 5 月下旬至 9 月份，不同类型的黄花菜开花时间不同，具体采摘时间应根据不同品种而定（表 5-1）。采摘花蕾的时间性很强，以既丰满又未开花时的花蕾质量最好。标准采摘时间是在黄花菜长到充分长度，花蕾饱满，颜色黄绿，花瓣上纵沟明显，看上去快要开出的样子，即为适合采摘的花蕾，要求开放前一次收完。如果采摘过早，不仅产量低，且加工后色泽差，影响干制品的外观品质；如果采摘延迟，花蕾开放，加工成的干菜肉薄、条脆易断、色黑、营养价值低，易遭虫蛀。一般在天气正常晴的情况下，黄花菜凌晨成熟花蕾较多，上午次之，下午较少，应及时分批采摘，分批干制，切莫将不同时间段采摘的黄花菜集中干制。

表 5-1 不同品种黄花菜的采摘时期

品种	始采期	每日采摘时间	总采摘天数
湖南四月花	6 月上旬	13—15 时	25～30 天
浙江仙居花	6 月上旬	12—15 时	40～50 天
四川渠县花	6 月上旬	5—8 时	40～55 天
浙江蟠龙花	6 月上旬	12—15 时	35～40 天
湖南五月花	6 月中旬	11—14 时	50 天
江苏大乌嘴花	6 月中旬	13—15 时	30～45 天
河南陈州花	6 月中旬	4—8 时或 16—19 时	30～45 天
陕西大荔花	6 月中旬	中午前或 15 时后	40 天
湖南茶子花	6 月 20 日左右	13—15 时	35～45 天
湖南荆州花	6 月下旬	13—15 时	50～70 天
湖南猛子花	6 月下旬	12—14 时	60～70 天
山西大同花	6 月下旬	6—11 时	45～60 天
甘肃庆阳花	6 月下旬	6—11 时	40～50 天
湖南细叶子花	7 月 20 日左右	13—15 时	40 天

适时采摘关系着黄花菜产量和质量的高低，一般品种在早晨和傍晚采摘最好，通常在开花前 1～2 小时采摘完，采摘过早会导致黄花菜夹生，成熟不够；采摘过晚黄花菜容易爆蕾，营养成分会丧失。采摘时用拇指和食指夹住花柄，从花蒂和薹梗连接处轻轻折断，边采摘边放入篓内，要做到“轻、巧、细、快”，有效防止人为碰伤花、茎、小花，采摘的最佳效果为带花蒂，不带花梗，茎梗和花蕾交接处断离。每一株都应是自上而下、由外向里逐一循序采收。

第八节　综合管理技术

结合黄花菜以上种植技术，黄花菜各生长周期土肥水药管理方案见表 5-2。

表 5-2　黄花菜各生育期管理方案

<table>
<tr><td rowspan="4">苗期</td><td>特征</td><td>定植苗或新发苗到花薹期前，苗期较短，为 40 天左右，属于营养生长阶段</td></tr>
<tr><td>田间管理</td><td>1. 中耕除草：中耕深度约 10 厘米，除草时锄头不可距幼苗过近，以免碰伤幼苗；苗期需中耕除草 1～2 次
2. 浇水：黄花菜在苗期多处于干旱少雨季节，应及时浇水，保证土壤含水量在 60%～70%；浇水要浇透，土壤快干透时再浇第 2 次</td></tr>
<tr><td>施肥管理</td><td>施肥工作应尽早进行，可采用穴施或沟施两种方法，每亩施复合肥 25～40 千克</td></tr>
<tr><td>病虫害防治</td><td>应做好预防，可选用 15%的三唑酮可湿性粉剂 800 倍液或 3%甲维・氯氰 800 倍液或 25%多菌灵可湿性粉剂 600 倍液，对蚜虫、红蜘蛛、叶枯病等进行预防，每隔半月喷施 1 次，交替使用，可在苗高 5 厘米、10 厘米时分别进行喷施</td></tr>
<tr><td rowspan="3">抽薹期</td><td>特征</td><td>指花薹露出新叶到花蕾分化前的时期，黄花菜由营养生长阶段向生殖生长阶段转变</td></tr>
<tr><td>田间管理</td><td>抽薹期黄花菜对水分特别敏感，如缺水就会造成抽薹延迟，甚至不抽薹，影响花蕾数量，个头发育，减少黄花菜的产量。此期应充分浇水，使耕层土壤全部湿润，一般每隔 1 周浇水 1 次</td></tr>
<tr><td>施肥管理</td><td>抽薹期黄花菜需要大量营养，一般在花薹开始抽出时和花蕾开始分化时各施肥 1 次，以施速效化肥为主，每亩施尿素 15 千克、过磷酸钙 15 千克、硫酸钾 5 千克。施肥与浇水可结合进行</td></tr>
</table>

续表 5-2

	病虫害防治	抽薹期是黄花菜病虫害防治的重要时期，主要病害为叶枯病，虫害为红蜘蛛 叶枯病：蔓延形成黄褐色长条形病斑，并在其上产生大量黑色霉点，严重时全叶干枯。用 25%多菌灵可湿性粉剂 600 倍液或 15%三唑酮可湿性粉剂 800 倍液喷雾防治，7～10 天 1 次，共喷 2～3 次 红蜘蛛：主要活动于叶片背面，靠吸食叶片叶绿素颗粒和细胞液，使叶片受到破坏，呈现出灰色斑块状，会传播大量病菌，使植株受到感染。用 1.8%的阿维菌素乳油 4 000～5 000 倍液或 4.5%高效氯氰菊酯乳油 1 500 倍液喷雾防治，每隔 5～7 天喷 1 次
花蕾期	特征	指花薹分化出花蕾到采摘结束前的一段时间
	田间管理	浇水：花蕾期在每年 6—9 月，此时正值雨季，应视雨量决定是否灌溉，保持地表湿润为好；若遇连续阴雨，要及时排除积水，减少病虫害和落蕾的发生
	施肥管理	施蕾肥，可提高成蕾率，防止黄花菜脱肥早衰，延长采摘期。蕾肥在采摘后 5～10 天施用，此期要补充大量营养，用含量大于 45%的高浓度复合肥撒施，每亩用量在 45 千克左右
	病虫害防治	及时防治叶斑病和蚜虫的有效方法。用 1.8%的阿维菌素乳油 4 000～5 000 倍液或 4.5%高效氯氰菊酯乳油 1 500 倍液喷雾防治，每隔 5～7 天喷 1 次
休眠期	特征	秋、冬季是黄花菜进行光合作用积累有机养料的重要时期
	田间管理	1. 保证黄花菜的水分供应，采摘后期叶片与花薹大部分保持绿色，制造的营养通过叶片回流到庞大根茎并储存，用于明年的花薹分蘖和叶片生长发育前期所需的养分 2. 地表干净，叶片枯黄后将地上部分齐地割去，运出大田，可降低越冬害虫数量 3. 培土回根，保护黄花菜的地下组织顺利越冬，所用土壤要经过消毒的安全干净的细土

续表 5-2

休眠期		4. 深翻松土。黄花菜此时比较娇嫩，既怕涝又怕旱，在黄花菜周围深翻松土可保持土壤中的水、肥、气、热的协调
	施肥管理	每亩施腐熟猪牛粪 150～2 000 千克，或人粪尿 1 000 千克以上，或饼肥 40～60 千克，或优质堆肥 2 000～2 500 千克，并配合适量磷肥
	病虫害防治	

第九节　露地黄花菜种植案例

一、庆阳无公害栽培技术

1．选地

选择庆阳具有独特的高原气候条件和山、川、原，无污染，无公害的自然环境进行黄花菜栽植示范。当地空气、灌溉水和土壤等各项环境质量指标完全达到了中华人民共和国无公害黄花菜农业行业标准，并分别达到 1 级清洁水平。

2．选种

选用优质丰产、商品性好，抗逆性强、适应市场需求的当地传统主栽品种马兰黄花和线黄花。

3．田间管理

（1）科学施肥

推广使用充分腐熟的农家肥、沼气肥、绿肥及秸秆沤肥，尽量减少化肥特别是氮肥的施用。

(2) 合理间作

为便于田间管理，常采用宽窄行进行栽植，株距保持不变。宽行距 120 厘米，窄行距 80 厘米。同时也可以采用根菜间作，顺地畛 4～6 米的距离栽植两行一带或顺地埂、地界栽植两行一带黄花菜间作冬小麦或其他低秆作物，通风透光好，便于管理。

(3) 科学用药

禁止使用高毒、高残留农药。推广生物防治，减少农药用量。在采收前 15～20 天严禁用药。

4. 产地检测

市县蔬菜生产管理部门和黄花菜加工的龙头企业经常对全市的黄花菜示范基地进行产地监测，并在黄花菜上市时随机抽取 15～30 个（点）样品进行检侧。根据黄花菜商品性状进行定等分级。

5. 示范效果

选用当地的马兰黄花和线黄花与其他品种相比分别增产 8.6%和 13%；粮菜间作带状栽植的黄花菜折合每亩产量均比大田整块纯栽长势好、花蕾多、条长、品质优、产量高，增产 11.8%。

二、庆城双色长寿地膜覆盖免耕栽培技术

1. 选地与整地

双色地膜覆盖栽培黄花菜应选土层深厚的平地为好，不

宜选择黏重、垦荒和肥力较低的地块。选冬小麦茬地块，冬小麦收获后立即伏耕晒垡，深翻 30 厘米，拣除杂草、残根等。

2. 选种与育苗

选用两种高产优质高产的线黄花菜和马连黄花菜品种采用，分株繁殖育苗。挖出母株，掰开每个分蘖单株重新分栽，剔除病虫母株。栽植前秧苗用 50%甲基硫菌灵可湿性粉剂或 50%多菌灵可湿性粉剂 500 倍液浸泡 10 分钟左右。

3. 划行与定植

庆城黄花菜于 8 月中下旬栽植。在整好的地块上距地边 50 厘米，按行距 115 厘米划行，然后在栽植行线上开挖宽 50 厘米、深 40 厘米的栽植槽。沿槽沟中心线向行中间起微拱形垄，垄沟底宽 20 厘米、上沿宽 50 厘米、沟深 10 厘米；垄面即在行线中间，垄底宽 95 厘米、弧形垄面宽 100 厘米、垄高 15 厘米。起好垄后，旱作栽植不浇水，直接在垄沟底按 40 厘米的株距挖穴栽植，穴深 30 厘米、穴径 25 厘米，每穴栽 2 株，每亩栽植 2 668 株。

4. 覆膜

选用采用内黑色外银灰色的双色、0.016 毫米厚长寿环保型地膜，具有抗旱、抑制杂草生长、趋避蚜虫的作用。同时能够保蓄雨水。每亩用膜量 10 千克左右。覆膜 7 天后，在距栽植行两侧 15 厘米处的地膜纵向，每隔 30 厘米用竹签打一直径 5 毫米的渗水孔。

5. 田间管理

(1) 更换地膜

双色地膜覆盖栽培，一般5年更换一次地膜，更换时间为10月中、下旬。将残膜清除干净，在栽植行间深挖25厘米，疏松土壤，清除杂草。

(2) 施肥

基肥每亩施优质农家肥4 500千克、尿素20千克、过磷酸钙50千克。追肥从3年生以后，早春发芽前在栽植行两侧15厘米处用追肥器一次性追施。3～5年生的黄花菜每亩追施尿素11千克、含磷12%的颗粒过磷酸钙20千克、含钾50%的颗粒硫酸钾7千克；6～8年生黄花菜每亩追施尿素15千克、过磷酸钙23千克、硫酸钾8千克。叶面追肥每亩用3%过磷酸钙浸出液约65千克加尿素400克、磷酸二氢钾150克、20毫克/千克赤霉素、0.2%硼砂于傍晚喷施植株，每隔7天喷施1次，共喷2次。

6. 示范效果

旱地黄花菜双色长寿地膜覆盖栽培技术适于年降雨量在350～500毫米的干旱、半干旱无灌溉条件的地区，能大幅度提高旱作黄花菜的产量和产值，平均每亩产干菜246千克。

三、大同县优质黄花菜标准化种植技术

1. 选地

栽培土壤为沙壤土，有机质含量>1.2%，pH 6.8～

7.5，耕作层厚度>30厘米。

2. 繁育

(1) 切基繁殖

将3年以上的植株整株挖出，割叶去根，先把莲横切成段，每段长1～2厘米，再把莲段纵切成2～4块，每块至少含1～2个潜伏芽，然后繁殖。

(2) 分育繁殖

将已经成熟的植株连根刨出，按照自然生长分株，再进行分育繁殖。这种技术是大同县经过多年研究实践的重要创新。该项技术在世界范围内处于领先地位。大同县黄花菜多年保持了稳定的产量和品质，并且叶大饱满，都有赖于此项技术得以广泛应用。

3. 田间管理

(1) 科学施肥

入冬前施用优质有机肥3吨/亩以上或充分腐熟的饼肥300千克/亩。在抽薹前按配方追肥，纯氮13.3～15.0千克/亩，五氧化二磷12.0～15.0千克/亩，氧化钾13.3～15.0千克/亩。农药、化肥等的使用必须符合国家的相关规定，不得污染环境。

(2) 适时培土

在冬季黄花菜上部叶片干枯之后翻土培根，覆土3～5厘米。

(3) 采摘

大同县黄花菜在花蕾发育至九成熟、顶部呈黄褐色、中部呈青褐色时采摘，最佳的采摘时间是早上 8 时或者下午 7 时，这时的气温较低，最适宜采摘。

4. 质量特色

标准化种植的大同县黄花菜产品优质，菜条丰润，色泽呈黄白色或金黄色，油分大，弹性强，香气纯正、浓郁。其营养成分也在同类产品中享有盛誉，可以达到总糖≥38%，水分≤15%，蛋白质≤11%，氨基酸（总量）≥7.5%，总酸≤2.5%，条长≥12 厘米，根/千克≤2 250 的标准。

参考文献

[1] 常永瑞. 黄花菜病虫害防治技术[J]. 山西农业:致富科技，2008，14(11):36.

[2] 杜桂芝. 无公害黄花菜高产栽培技术[J]. 现代农村科技，2010(4):15.

[3] 郭淑宏. 大同县黄花菜种质资源与传统栽培技术[J]. 山西农经，2017(1):50.

[4] 姜洪明，张桂花. 金针菜的采收与加工[J]. 北方园艺，1998(6).

[5] 李建军，王春生. 庆阳无公害黄花菜生产技术研究与示范[J]. 中国果菜，2005(3):42-43.

[6] 李建军，王春生. 庆阳无公害黄花菜生产技术研究与示范[J]. 中国果菜，2005(3):42-43.

[7] 刘金郎，张占军，刘建华，等. 黄土高原黄花菜无公害栽

培和加工技术[J]. 陕西农业科学，2005(3):157-158.
[8] 刘志良，舒定根. 山区无公害黄花菜栽培技术[J]. 现代农业科技，2006(20):65.
[9] 牛志军. 黄花菜无公害栽培技术要点分析[J]. 农业与技术，2017，37(12).
[10] 孙萌. 黄花菜采收与加工贮藏技术[J]. 农家致富，2013(16):44-45.
[11] 王本辉，张乾中，余宏军，等. 庆城黄花菜双色长寿地膜覆盖免耕栽培技术[J]. 中国蔬菜，2015，1(11):88-90.
[12] 王鑫. 黄花菜采收与加工贮藏技术[J]. 农业科技通讯，2005(1):42.

第 6 章　黄花菜设施栽培技术

黄花菜设施多为日光温室和塑料大棚，能在局部范围改善或创造出适宜的气象环境因素，为黄花菜生长发育提供良好的环境条件而进行的有效生产，被广泛应用于育苗、春提前和秋延迟栽培。设施栽培的季节往往是露地生产难以达到的，设施栽培的黄花菜的上市期早，上市周期更长。采用设施栽培减少逆境对黄花菜生产的危害，设施黄花菜属于高投入，高产出，资金、技术、劳动力密集型的产业。

第一节　设施黄花菜的特点

一、上市周期早

黄花菜设施栽培技术能够实现黄花菜的反季节种植，具有上市期早，延长供应时间的特点。采用黄花菜设施栽培技术可以达到避免低温、高温暴雨、强光照射等逆境对黄花菜生产过程中的危害，设施栽培的黄花菜与露天栽培相比，大棚黄花菜上市期可提早 60～80 天。

二、经济效益好

大棚栽培的黄花菜上市期提早 1～2 个月，早期鲜花蕾销价高达 30 元/千克。平均售价比露地栽培平均售价提高 5～10 倍。试验示范结果表明大棚栽培比露地栽培的新鲜黄花菜产量提高 8%～12%，收入可达 5 万元/亩，是一项高效益的种植项目。

三、植株生长优势强

植株受外部条件影响小，叶片深绿色，株型紧凑，植株适应性强、耐干旱、抗湿、抗病力强，花薹粗壮，薹高 80～90 厘米花蕾长 9～12 厘米，花蕾整齐，肉质厚，品质优。

第二节 设施黄花菜的生育期

黄花菜的 7 个生育时期（表 6-1），一般设施种植流程为 3—4 月下旬种植，4—11 月份中耕管理，11 月下旬至 12 月上旬搭棚，12 月上旬至翌年 3 月份为大棚中耕管理期，4—6 月份为采花期，7—11 月份为后期管理。

表 6-1 设施黄花菜生育期

生育期	时间
萌芽期	2—3 月份
分展叶期	3—4 月份
抽薹期	4—5 月份

续表 6-1

生育期	时间
萌蕾开花期	5月至7月上旬（花期受气候时间不定）
采后枯叶期	7月上旬至8月上旬
秋季展叶期	8月上旬至秋季初霜前
休眠期	大棚栽培无休眠期

第三节　设施黄花菜品种的选择

选择植株长势强、品质好、产量高、分蘖快、抗逆性强的品种，早熟型如四月花、五月花、清早花、早茶山条子花等；中熟型如矮箭中期花、高箭中期花、猛子花、长嘴子花等；晚熟型如倒箭花、细叶子花、中秋花、大叶子花等。选择在秋季9—10月份移栽。

第四节　设施黄花菜早熟栽培技术

一、选地和建棚

各种工业污染生活污染和化学污染都会影响黄花菜花蕾的卫生品质。大棚应该选择远离污染区。大棚栽培黄花菜应选择地势高燥，背风向阳，排灌方便，土壤肥沃，通透性好，无地下害虫，周边500米没有污染源，生态环境优异的田块，为黄花菜优质生产创造良好的生长环境，并按宽6～8米、长30～40米建简易竹架大棚或钢架大棚。黄花菜对土壤的适应性强，在各种性质的土壤都能正常生长，尤其在 pH 6.5～7.5 的土层深厚且疏松、土质肥沃的壤土、黏质壤土及沙质壤土上生长好、产量高、品质优。

二、整地与起垄

根据大棚黄花菜速生丰产的要求，在宽 8 米、长 40 米的大棚内，做 4 畦，每畦宽 1.6 米，沟宽 0.4 米，沟深 0.3 米，每畦栽 4 行，中间大行距 0.7 米，边上小行距 0.4 米，蔸距 0.25 米，错丛排列，每蔸栽 2～3 株，每亩栽 4 500～5 500 蔸，需栽种苗 0.9 万～1.35 万株，确保单位面积上有足够的苗数，奠定速生丰产苗架。

三、移栽与覆膜

移栽前将种苗挖起把种株短缩茎下层的黑蒂掰掉，剪去肉质根上膨大的纺缍根，余下 7～10 厘米，并清除朽根，剪去短缩茎上部禾叶留 8～9 厘米，去除全部残叶。近年各种病害重，病菌多，在栽种前将修整好的种株放入 50%甲基托布津可湿性粉剂 1 000 倍水溶液中浸泡式用 50%多菌灵可湿性粉剂 800 倍水溶液中浸泡 10 分钟，捞出晾干后待植。栽种时母株从短缩茎切分成若干块，每块 1～2 个，并附带一些肉质根，把种苗植入穴内，稍盖土后施入少量腐熟厩肥，然后盖土踏实，使芽露出地面，成活后每亩浇稀人粪尿 10～15 担或用尿素 12～15 千克冲水 500～1 600 千克浇施，同时做好除草和防病工作。

据近年来不同盖膜期试验结果表明，以 1 月 22 日和 2 月 2 日二期盖膜处理增产效益最显著，一般在“大寒”至“立春”期间覆盖薄膜为宜，并要根据天气变化，加强盖膜期间的田间管理工作。晴天中午棚内温度达 25℃时，及时揭开两头薄膜通风降温，防止伤苗或植株徒长；寒潮来临要加盖地膜或小拱棚增温防冻；受冻僵苗在分蘖至抽薹期间遇到阴、晴交替天气时，要避免大棚内外温差大，更应做好调温控湿工作，掌握白天棚内温度控制在 15～20℃，夜间不低于 10℃。现蕾开花期间需要较高的温度和较大的昼夜温差，白天棚内温度控制在 25～30℃，夜间保持在 15～18℃。此时日平均气温也逐渐升高，晴天上午可提前到 9 时左右揭膜，下午掌握在 15 时前后关膜，以延长大棚内外气体对流时间。清明以后日平均温度稳定在 15℃以上，可在通风炼苗的基础上，适时揭去薄膜，有利于黄花菜植株健壮生长，抑制病害发生。

四、合理施肥

由于黄花菜为多年生作物，除在移栽前要施足基肥外，在施肥技术上应做到“施足冬肥，早施苗肥，适施薹肥，补施蕾肥”，并多施有机肥，增施钾肥，补施微肥。冬肥每公顷施优质农家肥 30 吨，菜饼肥 1 125 千克，碳铵 525 千克，钙镁磷肥 525 千克，硼砂、硫酸锌各 22. 5 千克。于“大寒”至“立春”期间在小行距中间开沟深施，先施有机肥后施化肥，并结合除草复土。3 月份大棚黄花菜开始抽薹，每公顷施尿素 375 千克，过磷酸钙 225 千克，作为促薹肥。现蕾时每公顷追施尿素 75 千克，对防止黄花菜脱肥早衰、壮蕾成蕾有明显效果。

五、田间管理

1. 温度

黄花菜从定植到缓苗生长这段时间对棚温要求较高。白天气温保持在 15～25℃，夜间保持在 8℃以上，不浇水，当中午棚内气温达 30℃以上时进行通风降温；从缓苗后到抽薹期，要依据棚内温、湿度适当通风调节温、湿度，白天气温控制在 15～20℃，夜间不低于 10℃；开花期，需要较高的温度和较大的昼夜温差，白天气温 18～28℃，夜间 12～15℃，中午前后适当延长通风时间，使棚内最高气温不超过 35℃。

2. 水分

黄花菜对土壤水分较为敏感，苗期田间过湿，植株根系生长受阻，易发生病害。因此平地及地势低洼的园地，要保持沟渠畅通，抢晴天中耕松土，排渍降湿，促进根系生长，控制病害发生；抽薹现蕾期对土壤水分有较高的要求，该时期土壤缺水，表现为抽薹细瘦花薹参差不齐，花蕾干瘪，落蕾率高，萌蕾力减弱，花蕾明显减少，采收期缩短，对黄花菜产量影响极大，因而黄花菜抽薹期间，要根据天气状况和土壤墒情，对表土发白的园地，应及时灌水抗旱，确保黄花菜健壮生长、高产稳产。

3. 中耕培土

黄花菜为肉质根系，需要肥沃疏松的土壤环境条件，必须加强中耕管理，每年要进行 4 次。第 1 次在春季发芽以后进行，结合追肥时疏松土壤、翻埋肥料，以促进幼苗的生长；第 2 次在花薹开始抽出时结合追肥进行。第 3 次在黄花菜采完以后进行，此次疏松主要是铲除杂草，疏松土壤，接纳雨水；第 4 次则在割叶后进行，主要是培土，以保证根系能安全越冬。

六、病虫害防治

大棚黄花菜易发生叶斑病、叶枯病、黄叶病、茎枯病、红腐病等多种病害，主要害虫有黄花蚜虫、蓟马、小地老虎等。因此要以“预防为主，主攻一病，兼治多病”。首先要注意保持棚内清洁，及时清除病株残叶和田间杂草，减少病菌侵染来源，并在病害初发阶段选用对口药剂防治。其病害介绍与防治方法参考第 5 章病虫害防治内容。

七、采收

黄花菜适期采摘，可增加产量、改善品质。黄花菜采收以花蕾饱满未开放、中部色泽金黄、两端呈绿色、顶端尖嘴处似开非开为标准。采收适宜期为花蕾刚裂嘴前 2 小时，最佳采摘时间为 7—11 时。采摘时，用拇指和食指夹住花柄，避免碰伤花茎和小花，从花蒂和薹梗连接处轻轻折断，每一株应自上而下、由外向里逐一循序采收，边采摘边装在篓内。采后应摊开放在地上晾干，及时打包冷藏，以防裂嘴开花。

八、后期管理

后期管理也是黄花菜田间管理的重要时期，目的是使秋苗早生晚发，为来年丰产打下良好的基础。

1. 深翻土壤

大棚黄花菜一般在 5 月下旬采收结束，此时外界的温度较高、光照强、水分充足，有利于黄花菜地下部分积蓄养分。此时把踩实的行间深挖 20 厘米左右、松土、保墒。注意黄花菜边缘宜浅挖，避免伤及根系，空地可适当深锄。

2. 施底肥

结合深翻土地增施 1 次底肥，每公顷施腐熟农家肥 90～120 吨或施复合肥 2. 25 吨。施肥后盖 3～5 厘米厚细土。

3. 适时除去老叶、花秆

9 月份齐地面将老叶秆割掉，收集秸秆废弃物，集中无害化处理，以减少来年病虫害发生。

参考文献

[1] 丁新天，朱静坚，丁丽玲，等．大棚黄花菜生长特点及优质高效栽培技术研究[J]．中国农学通报，2004，20(1)：83-85.

[2] 胡岳标，胡彩群．大棚黄花菜高效栽培技术[J]．丽水农业科技，2002(2)：26.
[3] 胡岳标．设施栽培黄花菜技术要点研究[J]．中国农业信息，2015(5).
[4] 苏定昌．黄花菜大棚优质高效栽培试验[J]．现代农业科技，2010(17)：110.
[5] 孙铁．黄花菜设施的栽培技术[J]．农民致富之友，2013(5)：33.
[6] 王禾清．大棚鲜食黄花菜高产栽培技术[J]．云南农业科技，2013(5)：31-32.
[7] 朱秀苗，赵贤良，潘军，等．新泰市大棚黄花菜优质高产栽培技术[J]．现代农业科技，2016(23)：74-75.

第7章　黄花菜绿色套餐施肥技术

第一节　绿色改土套餐施肥技术

一、套餐施肥技术

套餐施肥为作物生长提供全程技术解决方案和良好的农化服务。针对黄花菜生产中存在的障碍问题，在肥料选择与施用过程中，应综合考虑生育期养分需求特征与生产障碍问题，科学选配改土基肥、营养追肥与功能追肥相结合，进行全程套餐施肥搭配，实现改土、促根、抗逆和减肥增效。黄花菜多种植在盐渍化、荒漠化的地区，土壤养分含量贫乏，土壤水分含量，保水能力差。应该以改良土壤结构、增加土壤有机组分和促进根部发育提高养分和水分的利用效率为主，选择改土促根的有机功能肥料。

套餐肥具有养分全面、浓度高、增产节本显著、配方灵活的优点，还可根据作物营养、土壤肥力和产量水平等条件的不同而灵活改变，弥补了一般通用型复合肥因固定养分配比而造成某种养分不足或过剩的缺点。

套餐肥是新时期的一种过渡，符合时代要求。肥料行业正从产品型行业向服务型行业转变。目前，国家正大力倡导化肥减施、过渡、创新和复配，农民需要更有针对性的服务。当前农户小规模种植现象普遍，过于精细化的配方难以推广，套餐施肥是服务农户的有效手段。

二、改土套餐施肥的基本原则

目前国际上普遍认为养分供应要通过“5R 原则”，即正确的用量、正确的位置、正确的时间、正确的养分补给和正确的产品。在施肥过程中，要考虑作物健康、土壤健康、肥料平衡、肥料用量、施用时期及灌溉等多方面条件。

制定的改土套餐施肥方案要遵循以下几个原则：①要解决作物生长障碍问题；②根据作物目标产量和土壤养分供应情况，确定养分供应量；③明确有机肥和化肥分配比例，采用有机肥时，要考虑有机肥及调理剂中含有的养分，其次再用化肥补充；④水肥一体化技术和肥料的搭配，明确采用大水漫灌及喷灌时应搭配的肥料产品；⑤明确采用穴施、撒施等不同施肥方式时，肥料的施用位置；⑥选择合适的施肥时间，覆膜作物为降低后期追肥成本，可选用缓控释肥。

三、黄花菜改土套餐施肥的制订流程

套餐施肥方案的制订必须是在黄花菜需肥总量的情况下，根据黄花菜生长过程中可能出现的土壤障碍问题、作物健康问题，有针对性地选择功能性肥料产品的基础上，结合灌溉、栽培、土壤、气候等方面达到产品方案的具体化和可操作化。因土壤条件变化，作物品种不同，物候期不同，栽培管理的不同都会导致肥料套餐组合不同。改土套餐施肥方案的具体操作流程分为以下几步：

1．明确拟实施的黄花菜品种

黄花菜由于品种的差异，其不同生育期养分吸收量和养分吸收规律不同。通过资料的查询，查询该品种黄花菜的干物质累积规律和养分累积特征。

2．问题调研与对策制定

黄花菜的菜田类型、栽培方式、施肥模式、灌溉方式、土壤质地和养分条件、当地气候以及目标产量都对套餐施肥的方案的制定有很大的影响，是黄花菜套餐施肥方案制定的重要依据，套餐施肥前期需要对以上信息进行详细的问卷调查和档案记录。

土壤取样与土壤样品和有机肥养分的测定，一般在上茬作物收获拉秧后或翻耕前进行土壤样品的采集，尽量避开刚施肥的土壤，土壤取样深度一般为 0～30 厘米的表层土壤，采样前清除地表植物残渣、石块等杂物，然后按照“Z”形进行五点采样，测定有机质、碱解氮、速效钾、速效磷、

pH 和 EC 等基本指标。

3. 设计方案

根据土壤指标的测定判定土壤肥力状况和土壤障碍问题，确定调研的基本信息来选择肥料产品组合以及确定肥料用量和灌溉计划，肥料产品遵循“大配方小调整”的原则。针对黄花菜栽培过程中存在的一系列土壤问题，在改良土壤的基础上施用功能性的水溶性肥料，以求达到改土、提质、增效的目的。套餐施肥产品有以下特点。

①针对性：针对特定地区黄花菜特定问题提出解决方案，包括改土、防病、抑菌等功能性肥料及土壤改良剂的选择必须具有针对性；

②专一性：每一个产品方案均为某个地区、某一季作物条件下的产品组合，而非广谱性方案设计；

③功能性：所用推荐产品均考虑其功能性，做到产品功能到位。

4. 开展套餐肥试验及效果分析

进行套餐施肥肥效试验过程中，应该严格按照套餐施肥方案执行田间管理，并详细记录套餐施肥方案执行过程中的实际生产问题、土壤障碍问题、经济效益问题，同时记录套餐施肥的最终产量和产品品质。

5. 效果反馈及方案修正

根据效果反馈内容，优化套餐方案，一般分为两步法：一是土壤改良，根据以往经验以及试验过程中出现的主要土壤障碍问题，设计专用配方，制定私人方案，全程呵护土壤的健康；二是绿色产品的生产，在土壤改良的前提下，结合药肥的生产，降低农药化肥施用量，提高产品安全生产的同时降低投入成本。

第二节 红寺堡区黄花菜优质高产套餐施肥技术示范

一、基本情况调查

基地地点：宁夏中部干旱带高效节水示范试验基地。

作物信息：黄花菜，多年生作物。

栽培历史：新茬，该地块一直种植玉米。

示范面积：40 亩。

种植密度：3 500/亩株或 7 000 株/亩。

目标产量：250～300 千克/亩或 350～400 千克/亩。

灌溉方式：滴灌。

二、土壤指标测定与肥力判定

1. 土壤指标（0～30 厘米）

pH 为 8. 9～9. 1，全盐 0. 2～0. 3 克/千克，有机质 1. 5～2. 0 克/千克，全氮 0. 16～0. 2 克/千克，速效磷 2. 5～3. 5 毫克/千克，速效钾 75～85 毫克/千克。

2. 肥力判别

该土壤呈强碱性、有机质含量极低，土壤氮、磷、钾供应能力极低，土壤为呈沙性，易漏水漏肥。

三、作物数据

根据黄花菜的目标产量和整个生育期的氮、磷、钾养分吸收分配比例、养分吸收总量，考虑到土壤养分供应能力极低等因素，整个生育期养分推荐数量如表 7-1 所示。

表 7-1　黄花菜养分投入

养分吸收	苗期/%	抽薹期/%	花蕾期/%	推荐养分投入量/(千克/亩)(3 500 株)	推荐养分投入量/(千克/亩)(7 000 株)
N	20～25	15～20	55～60	23	35
P_2O_5	16～18	13～15	65～70	15	22
K_2O	12～15	10～12	70～75	20	30

四、追肥方案

针对当地土壤盐碱化，沙质土壤进行土壤的改良，基肥在撒施 5 米^3 牛粪基础上，施用功能土壤改良剂 100 千克，撒施后翻耕。整个生育期追肥随水滴灌。

1. 定植前基肥

亩施用牛粪 5 米^3。

2. 追肥

如表 7-2 所示。

表 7-2 黄花菜套餐施肥追肥方案

生育期	追肥	用量/（升/次）（3 500 株/7 000 株）	次数
定植前期	追施功能土壤改良剂	100 千克	1
苗期	追施黄花菜苗期专用肥（120－100－100＋TE 氨基酸水溶肥）	6/8	3/4
抽薹期	追施黄花菜苗期专用肥（120-100-100＋TE 氨基酸水溶肥）	6/8	1/1
	追施黄花菜花期专用肥（120-50-190＋TE 氨基酸水溶肥）	6/8	2/2
花期	追施黄花菜花期专用肥（120-50-190＋TE 氨基酸水溶肥）	6/8	4/5

3. 灌溉计划

根据当地天气情况而定，整个生育期灌溉 10～12 次水，灌水推荐量 12 米^3，苗期和花期灌水 7～10 天间隔 1 次，花期 5～7 天间隔 1 次，每次滴灌 1 小时。每次灌水量不应太大，一般能湿透垄背的土壤耕层即可，每次施肥随水施用。

五、红寺堡区黄花菜套餐施肥产品组合

在选择套餐肥产品时，针对红寺堡区土质盐碱化、沙漠化的特点。基肥以改土壮苗为目的，根据土壤现状，选用有机质丰富的土壤调理剂、有机肥、微生物肥料等改土产品，增强土壤团粒结构和微生物群落结构；追肥以补充充足营养、解决生理障碍为目的，尤其在设施农业条件下，应通过

水肥一体化等先进手段，在施用营养型肥料的同时可以施用氨基酸类或腐植酸类等的功能性有机肥料。

红寺堡区黄花菜套餐施肥示范产品由国家“十三五”重点研发专项功能水溶肥料研制与产业化课题组——中国农业大学功能性肥料实验室提供。

1. 功能性土壤改良剂

该产品是一种由氨基酸改性的炭基材料，能够改善土壤团粒结构，很强的吸附调节能力，能够促进土壤团聚体的形成，增强土壤保水保肥能力，减少养分淋洗损失，提高肥料利用效率。

2. 黄花菜液体专用肥（苗期和花期）

针对黄花菜生育期特点设计的一款氨基酸专用肥料，符合氨基酸微量元素水溶肥执行标准。采用优质复合氨基酸，配方科学，养分齐全。富含天然活性增效物质和养分转运因子，能够在作物生育期迅速补充中微量元素和氮、磷、钾元素，改善产品品质。刺激靠近根系生长，提高养分吸收效率，小分子氨基酸有效活化磷钾等营养元素，能保持土壤湿度，锁住养分。有利于提高作物的抗逆性。

参考文献

[1] 陈清，何飞飞，张福锁．蔬菜测土施肥技术体系的建立与应用[C]// 首届全国测土配方施肥技术研讨会．2006.

[2] 何绍东．测土配方施肥技术在设施蔬菜生产中的应用

[J]. 新农业，2013(3)：21-23.

[3] 黄成彬．潍坊市绿色蔬菜生产问题分析与发展对策探讨[D]. 山东农业大学，2006.

[4] 李俊良．新施肥理念带动功能水溶肥发展[J]. 中国农资，2017(23)：19.

第8章　黄花菜加工技术

第一节　保鲜技术

黄花菜开花正值6—8月份高温季节，黄花菜的花通常在午夜开放，并在开花12小时后迅速凋谢。常温条件下鲜黄花菜耐贮性较差，用普通薄膜袋包装，第2天全部开花，第4天开始腐烂。因此，掌握黄花菜的保鲜技术对提高其经济效益具有重要意义。常见的保鲜技术有气调保藏、冷冻与冷藏、化学保鲜、物理保鲜以及热处理等。

一、气调保藏

气调保藏是通过对保藏温度、低氧气浓度、高二氧化碳浓度、甚至氮气浓度等因素的合理调控，最大限度地抑制果蔬的呼吸作用，延缓成熟过程，从而达到保鲜的目的。用气调法贮藏叶菜能有效地降低叶绿素分解并保持其原有风味与品质。采用轻度真空包装或自发气调保鲜膜包装也具有较好的防腐保鲜作用。龚吉军等研究表明，将黄花菜用小袋包装气调贮藏，在较低的温度下，结合使用保鲜剂和吸氧剂，可以很好地延缓其衰老，延长贮藏寿命。

二、冷冻与冷藏

温度对黄花菜的呼吸强度、蒸腾作用的影响比较显著。冷冻与冷藏是利用低温能降低冷藏品的呼吸代谢过程，减弱果蔬的生理活动和病原菌的发生率来延长果蔬的保鲜期。研究表明，黄花菜在贮藏的前3天呼吸强度迅速下降，随后呼吸强度始终保持在较低水平，随着贮藏温度和成熟度的提高，呼吸强度降低的幅度也随之减小。

冷冻与冷藏对黄花菜的保藏都有较好的效果。冷藏是果蔬保鲜中是应用最为广泛的方法，鲜黄花菜在冷藏条件下的保鲜期为1个月左右，这样可在短期内满足生产与食用的需求，但不能保证周年供应。范学钧等研究发现7～8厘米长花蕾在电冰箱低温（0～5℃）冷藏保鲜期3～4天，5～6天发黏，7～8天内腐烂，花蕾在低温下还有伸长甚至开花的能力，5～6厘米长花蕾低温冷藏可保鲜7天。近年来速冻蔬菜发展迅速，因其采用先进的加工技术，速冻保藏工艺可保持黄花菜的色泽、风味、质地和维生素C等营养成分，可解决周年供应的问题，且食用方便。规模化、工厂化集中加工也可采用冻干法，利用科学方法和现代设备，将黄花菜通过漂烫、速冻、脱水、真空干燥等程序进行加工，加工过程中不添加任何化学和食品添加剂，较好地保持了蔬菜的营养成分、色泽和口感，完全可达国际绿色食品标准，但投资较大。

三、化学保鲜

化学保鲜是通过食品添加剂保鲜（防腐剂、杀菌剂、抗氧化剂）、抗生素保鲜、淹渍、烟熏等方法对食品进行保鲜，进而延长果蔬的货架期。长期以来，使用化学保鲜剂调控果蔬的采后保藏一直被认为是快速有效的方法。但随着公众对食品安全意识的增强，人们开始注意到化学防腐保鲜剂的潜在危险。不过，随着科技的发展，越来越多的天然的食品保鲜剂被开发出来。6-苄基腺嘌呤（6-BA）处理能提高黄花菜中的超氧化物歧化酶的活性，同时能抑制超氧自由基、丙二醛的生成、抑制过氧化物酶和过氧化氢酶活性的提高，从而延缓采后黄花菜的衰老。食品添加剂焦亚硫酸钠加工黄花菜，只要密封完全，可保 7～8 天不发霉。其方法操作简便、节约成本，且加工出的黄花菜黄亮耐贮，干菜率高，但营养成分损失大，操作不当会导致 SO_2 超标。

四、物理保鲜

物理保鲜主要是将电、磁、微波、辐射、臭氧和超高压技术等应用于食品保鲜过程来延长食品的保鲜期。具有高效安全、无污染、无残留、可以保持食品原有的色泽风味等优点。随着消费者对食品的质量与安全性的要求越来越高，物理技术已被越来越多的应用于食品贮存与保鲜。

郑贤利等利用 Co-60γ 射线辐照新鲜黄花菜，结果表明，不同的包装材料、不同的包装方式、不同的贮存条件、不同的吸收剂量均影响鲜黄花菜的保鲜效果，且鲜黄花菜保鲜效果与辐照剂量有关，低剂量优于高剂量。范学钧等采用紫外线加充 O_3、紫外线加抽气减压分别处理 7～8 厘米长的新鲜黄花菜后，保鲜效果好，在低温冷藏条件下可达到 10 天左右。杨大伟等对薄层黄花菜先热风干燥至含水量为 48%，再改用微波干燥到最终含水量 15%，不但能明显缩短干燥时间，而且可保证产品质量。

五、热处理

采后热处理常用于农作物的消毒与灭虫，也包括花蕾和果蔬。热处理也会对乙烯的产生、呼吸作用、软化、颜色变化、品味的变化有影响。热处理能抑制果蔬呼吸强度、乙烯生成及相关酶活性，促进果蔬保持色泽和硬度，有效防治冷害、病虫害的发生。热处理能杀死或钝化引起腐烂的多数病原菌，又由于热处理的时间短，故对果蔬各种生化指标的影响不大。在对黄花菜进行热处理时，不仅可以降低黄花菜中的酶活性，防止酶促反应的进行，还会对黄花菜中的秋水仙碱起到了很好的脱除作用。

六、生物免蒸保鲜

生物免蒸保鲜法所采用的黄花菜脱水保鲜剂，是以二十多种植物为原料配制的，已获国家专利。其方法是将采摘的新鲜黄花菜装入聚乙烯塑料袋或密闭容器中，每装 20 厘米一层厚鲜菜撒一层脱水保鲜剂（粉剂），每百千克鲜菜用

100 克，然后将袋口扎紧密封，48 小时以后达到杀青效果，如遇雨天密封 6～7 天不影响干制效果。

第二节　黄花菜的干制技术

干制是黄花菜加工最传统的方法，因为鲜黄花菜在采摘后如不脱水干燥，很容易发霉变质，干制以后，能长期保存，周年销售、食用。根据国标《GB 7949—1987 黄花菜》要求，成品干制黄花菜含水量不得超过 15.0%，总酸含量不得高于 3.0%，总糖含量不得低于 37.5%，蛋白质含量不得低于 11.0%。加工技术对保证黄花菜质量至关重要。

根据脱水前预处理技术不同，干制黄花菜可以被简单分为两种：先经蒸制，然后干燥的称为原菜，一般颜色老黄；采摘后不经蒸制，而是添加 3.0%～3.5%的焦亚硫酸钠处理，然后干燥的称为药菜。由于亚硫酸盐具有抑制酶促褐变和非酶促褐变的作用，可抑制微生物的生长繁殖，故该处理所得的干制黄花菜一般呈鲜黄色，外观漂亮具有吸引力。但药菜加工中 SO_2 的残留量是人们关注的问题，若处理过程中亚硫酸盐超标，将可能会危害人体健康，卫生部规定，经焦亚硫酸处理过的干制黄花菜中 SO_2 残留量不得高于 200 毫克/千克。

干制黄花菜的加工工艺包括选料、预处理（蒸制或腌制）、干制（晒干、烘干或冷冻干燥）、熏硫、回软、检验、包装与成品。

一、选料

选择饱满，花瓣上纵沟明显、结实，花蕾充分发育、尖嘴处似开非开，富有弹性，黄色的新鲜黄花菜为原料。裂嘴前 1～2 小时采摘的花蕾产量高、质量好。剔除花苞开放、黄化、衰老及病虫危害的花苞，并轻轻摘去其木质化花梗。

二、预处理

1. 蒸制

采摘后应及时进行蒸制，以防开花，已开花的需除去。黄花菜蒸制的作用是利用高温蒸汽的热量，迅速杀死花蕾内部生物酶的活性，防止其在加工过程中因氧化褐变引起的变色甚至腐烂，保持营养，便于干燥。

（1）蒸房建设

蒸房由一口大铁锅炉及锅台上建的一间小房组成。房的侧面和顶棚封闭，正面开门，房内用架杆分 3～4 层，每层摆 2 个筛，在房的一侧上下插入 1 支温度计。

（2）蒸制要领

①装筛：先将鲜黄花菜蓬松地装在筛里，以便受热均匀，成熟度一致。每个筛中放入黄花菜 5～6 千克，一般厚 12～15 厘米，中间略高，四周稍低，呈馒头状，中间轻扒出个凹，利于蒸汽上升。

②蒸制时间：蒸前将清水倒入锅内，水量以距底蒸格 10 厘米左右为宜，把筛放入蒸房，关严门，点燃蒸汽锅炉，通过

锅炉产生的小蒸汽来提高蒸箱的温度。当蒸房温度达70～75℃时，再蒸3～5分钟即熟。

(3) 适度标准

①熟度标准（5成熟度），即颜色由黄绿转为淡黄绿色，花身发软，竖起花柄稍弯曲，手搓花蕾有轻微的嗦嗦声，里生外熟。

②橱内蒸汽往外冒时即可。

③装花高度凹下1/3～1/2。

④蒸制过火会成油条状，不仅质量差、色暗，且成品率低；蒸制火候不到则成“火炮筒”，干后成“泡杆”，且难晒干，应于次日选出再蒸。

2. 腌制

(1) 方法

就地收购，就地腌制。将食用添加剂焦亚硫酸钠与鲜黄花菜按3.0%～3.5%的比例，拌匀，装入密闭容器，放在温室或光线充足的地方腌制24小时，捞出沥干水分，即可干燥。这种方法比传统蒸制法操作简单、省工、省燃料，且干制后的黄花菜色泽金黄，没有细条或青条，商品性好，加工不受数量限制，特别是阴雨天不会造成大量花蕾霉烂。

(2) 注意事项

①腌制过程中，在20～60℃范围内随温度升高，出芽率增加。

②严格控制添加剂焦亚硫酸钠的用量，以4.0%为宜。

③焦亚硫酸钠在腌制过程中分解出的 SO_2 对金属设备有腐蚀作用，因此在加工中不要使用金属容器及器械。

④食用前，要将黄花菜用热水洗 2～3 次。

⑤可采用 50 千克鲜黄花菜 + 50 千克水 + 0.25 千克焦亚硫酸钠泡制，达到含硫不超标且又能保鲜保质的目的。

三、干燥

经干燥后的黄花菜用手握紧不脆，松手后又能自然散开，互相不粘连。其水分散发，品质稳定，便于贮藏远销。

将蒸制后的花蕾倒在席箔上，堆放半小时左右（即休汗），利用余热调整蒸制成熟度和收敛花蕾表皮上的糖分，让花蕾产生一系列生物化学变化，使熟度均匀，色泽美观。休汗后在清洁通风的地方摊晾一晚上，再进行干燥。

常用的黄花菜脱水干燥手段有两种：①晒干法，即在阳光良好的条件下曝晒 2～3 天；②烘干法，可采用多种现代食品加工技术。

1. 晒干法

一般需 2～3 天，成本低、成品色泽美观、品质好。将晒床放在光线充足的地方，晒床高度一般在 30～60 厘米然后将蒸制或腌制好的黄花菜均匀摊在苇席上曝晒，厚度 2～3 厘米，每天翻动 1～2 次。第 1 天要用双席对翻，即用一个空席盖在晒床上，夹住翻转，既快又不粘席，花蕾干后粗直不弯曲，尚未干时不能平翻，以防干后卷曲。到了晚上要注意把黄花菜收起来并用布盖在上面，防止晒干的黄花菜再次受潮。一般要晒到黄花菜捏起来紧实、松开之后又自然舒展，并且花蕾之间不会黏在一起为止。如果遇到天气连续阴天的情况，可以用千分之五的硫黄蒸熏处理，防止黄花菜发霉腐烂。

2. 烘干法

①直接烘干法：每平方的烘盘上面可以放 5 千克左右经过处理的黄花菜。在烘干的初期，黄花菜的水分还比较多，可以把烘房的温度调到 80～85℃再放入黄花菜。之后可以把温度降到 60～65℃，烘 12～15 小时的时间，然后可以慢慢的再降到 50℃，一直等到黄花菜彻底干燥就可以停止了。为了防止黄花菜被烘的烧焦了，要及时地更换烘盘，而且要定时的翻动，以保证烘干的黄花菜干燥程度是一样的。

②间接烘干法：在烘房中进行，即将蒸熟的花蕾均匀地摊在烘帘上，待烘具烘热后将烘帘送入烘房。烘房温度保持在 50～70℃，烘至半干后拿出摊晾，第 2 天再烘，因一次烘干会发生青色僵硬条，影响质量。通常烘至七八成干时即可，选择晴天再晒干。干燥期间一般进行 2～3 次倒盘，时间不超过 10 小时。

四、检验

黄花菜的外观要求：色泽金黄无油渍状，气味芬芳，干燥清爽，挺直不结块，根条长短均匀，肉质肥厚，无虫蛀。肉质要求：含水量低于 13%，总酸量小于 3%，总糖量大于

37.5%，蛋白质含量大于 11%，并经检验符合安全卫士指标。

黄花菜的初步检测：①用手捏一把黄花菜，感到软中有硬，放开后很快松散，表示干燥度适宜；迟迟不散开的，表示含水量过多。②鼻嗅其味，馥郁清香者为佳；味平淡者品质稍差。③有杂质应及时剔除。

五、黄花菜分级

一等菜：色泽金黄，油性大，条子长粗壮均匀，少量裂嘴不超过 1 厘米，无霉变、无杂质、无虫蛀。

二等菜：色泽黄，油性中，条子粗壮均匀，少量裂嘴不超过 1.5 厘米，半截轻油条不超过 5%，无霉变、无杂质、无虫蛀。

三等菜：色泽淡黄，油性少，条子细短，裂嘴多，半截油条菜不超过 10%，无霉变、无杂质、无虫蛀。

六、包装与产品贮存

用双线麻袋、塑料薄膜食品袋或一定规格的复合塑料袋真空密封包装。仓库要通风、干燥，保持室温 15～25℃，相对湿度 70%左右。特别注意夏秋季节要调节温、湿度，隔绝高温高湿，确保不霉变、生虫。冷库贮藏温度 2～3℃，相对湿度 70%左右，以冻死蛀虫和霉菌。贮藏 2 年以上，其色泽、香味不变。

第三节 黄花菜新产品的加工

一、即食黄花菜

谭兴和等以脱水黄花菜为原料，经过原料挑选、清洗、复水、预煮、离心脱水后，加入各种调味物质（复合核苦酸、复合香辛料 0.05% 的 $CaCl_2$ 和 0.05% 的山梨酸加调味），拌匀、装袋、真空密封、杀菌（90℃，5 分钟）和冷却，得到开袋即食的黄花菜产品。产品采用玻璃瓶、复合铝箔或聚丙稀复合蒸煮袋包装，均可保存 9 个月以上。国内相关发明专利有“一种补血腌制黄花菜”“一种酱黄花菜”“一种黄花菜咸菜”等。

二、速冻黄花菜

张欣等报道了黄花菜速冻工艺的研究结果，主要流程是原料挑选、清理、清洗、烫漂［沸水（98±2)℃，1 分钟］、冷却（＜10℃）、沥水和速冻，冷风温度一般为 -35～-40℃，冻品间的空气流速为 1.5～5.0 米/秒，经 5 分钟后黄花菜花蕾的中心温度达到 -18℃ 以下，立即包装后冷藏贮存。龚吉军在黄花菜速冻保藏工艺中，用 0.2% $NaHCO_3$ 作护色液保绿，在（95±1)℃下热烫 50 秒的保绿效果最好，既可保证在解冻后使褐头率尽可能低，又能充分减少热烫中黄花菜的营养物质损失。该类产品加工成本比较高，主要面对国际市场的需求，远销日本与韩国等地。余铭等的发明专利“一种速冻黄花菜的制作方法”，首次将液浸式速冻技术运用到了黄花菜的保鲜中。

三、黄花菜饮料

黄花菜含有丰富的维生素 C、Ca、Fe、P 等微量元素，同时它所含有的类胡萝卜素与多酚类物质又是天然色素，具备重要的保健功能，如能开发为饮料，其市场价值不可估量。目前由于加工技术的制约，类胡萝卜素与多酚类物质在黄花菜干制过程中会被部分分解或挥发，营养成分损失很大。余光俊研究了黄花菜饮料的加工技术，主要方法是原料挑选、漂洗、除杂、热烫（80℃，10 分钟），打浆机和胶体磨打浆（黄花菜与 50℃矿泉水的质量比为 1∶1），过滤；然后根据不同情况添加如下配料：黄花菜汁，白砂糖，柠檬酸，蜂蜜等；最后经脱气、均质、杀菌、灌装和封口，即为成品。

目前市场上相关产品还比较少，国内发明专利多集中在以黄花菜为配料之一的功能饮料上，如“酸枣仁黄花茶汤的制作方法”“一种益智补脑的食品养生饮料及其制备方法”“一种防治神经衰弱的奶茶的制作方法”等。李安平等对黄花菜复合饮料加工工艺进行了研究，得到最佳配方：黄花菜汁 35%，橙汁 5%，柠檬酸 0.12%，白砂糖 8%，其成品甘甜清爽，具有黄花菜独有的风味；张先淑等则是以黄花菜和金银花为加工对象，制作了黄花菜金银花复合饮料。梁彦在鲜牛奶中添加蜂蜜及黄花菜汁，接种保加利亚乳酸菌和嗜热链球菌，发酵后得到口感细腻、营养丰富的酸奶。

四、黄花菜餐饮食品

1. 黄花菜泡菜

用黄花菜加工的泡菜酸爽可口，可通过进一步研究，完善生产技术后加以推广，既可开发成休闲食品，又可开发成预制汤菜食品，还可制成方便面调料包等产品。将黄花菜加工成小袋包装的休闲食品，味美可口，可作为休闲食品中花类食品的代表品种。

2. 黄花菜汤菜

将黄花菜与猪肉、牛肉、鸡肉等一起，加工成预制汤菜食品，方便食用，节省烹饪时间，丰富产品类型。

3. 膳食纤维食品

黄花菜中含有丰富的钙和纤维素，远高于香菇、木耳和冬笋三种蔬菜珍品。可以将黄花菜采用超微粉碎技术和重组技术，研制出现代膳食纤维食品。该产品可进一步开发成保健食品，以满足市场需要。曾维丽等通过在植物油中加入香辛料，烹出香味后，加入禽肉丁，炒熟后加入黄花菜和其他配料，翻炒均匀，加入红茶汤枝叶，小火焖炖后制得黄花菜红茶罐头。所得产品香味宜人、香辣可口，同时具备黄花菜和红茶的保健功能。

五、药膳食品

将黄花菜开发成催乳食品、改善睡眠质量食品、健脑食品、通便食品、去痛风食品等各类药膳食品，以满足各类人群的需要。日本有报道称黄花菜为“健脑菜”，具有补脑益智和提高记忆力的作用。研究表明，黄花菜能显著降低动物血清胆固醇，而胆固醇的增高是导致中老年疾病和机体衰退的重要原因之一。专家指出，能够抗衰老而味道鲜美、营养丰富的蔬菜并不多，而黄花菜算一种。

民主革命先行者孙中山先生对中医学和饮食营养有很深的研究，他根据自己的实践经验，把素食中的黄花菜、木耳、豆腐和豆芽列为中老年补气养血及抗衰老的良方，被后人誉为“中山四物汤”。此外，周比玥在配方中加入杏仁粉、花生碎、黄花菜、刺五加等物，制备了一种杏仁理肺润肺饼干。该饼干香味适中、营养丰富且口感好，药膳成分具有祛风湿、强筋骨、补气血作用。

六、花粉食品

黄花菜中含有一定量的花粉，可将已经开花的黄花菜花粉利用起来，开发花粉食品。科学家从花粉中发现了 13 大类近 300 种营养源物质，这些营养物质都具有各种不同的营养保健作用。花粉的开发利用也已在食品、营养保健品和药品等领域取得了一定发展。

参考文献

[1] 陈继培．黄花菜保健食疗汤[J]．家庭中医药，2003(2).

[2] 范学钧，任考亮，李士豪，等．黄花菜保鲜与干制试验初报[J]．西北园艺(综合)，2000(6)：13-14.

[3] 龚吉军，谭兴和，夏延斌，等．速冻黄花菜预处理工艺[J]．中南林业科技大学学报，2004，24(5)：113-116.

[4] 龚吉军．黄花菜贮藏保鲜研究[D]．湖南农业大学，2003.

[5] 潘炘．黄花菜保鲜与保健功能的研究[D]．浙江大学，2006.

[6] 谭兴和，夏延斌，李映武．即食黄花菜加工工艺研究[J]．食品与机械，2003(3)：34-35.

[7] 杨大伟，夏延斌．脱水黄花菜加工过程中的预处理工艺研究[J]．食品工业科技，2003(11)：44-47.

[8] 杨富民，张丽，严晓娟．干制黄花菜工业化生产工艺技术[J]．农业工程学报，2008，24(11)：264-267.

[9] 姚扶有．健脑佳蔬黄花菜[J]．中国保健食品，2010(6)：32-33.

[10] 湛奎．植物提取液预处理鲜黄花菜的保质效果研究[D]．湖南农业大学，2012.

第9章　我国各地黄花菜分布及介绍

第一节　我国黄花菜的分布情况

我国黄花菜的分布情况见表9-1。

表9-1　我国黄花菜分布一览表

省份/自治区	地市	区、县	统称
湖南	衡阳市	祁东	祁东黄花菜
	邵阳市	邵东县	邵东黄菜菜
甘肃	庆阳市	庆城县	庆城黄花菜
		正宁县	庆阳黄花菜
		环县	环县黄花菜
		合水县	合水黄花菜
		镇原县	镇原黄花菜
	平凉市	泾川县	泾川黄花菜
	晋城	阳城	析城黄花菜
		沁水县	七须黄花菜
山西	大同市	大同县	大同黄花菜
		浑源县	恒山黄花菜
		广灵县	广灵黄花菜

续表 9-1

省份/自治区	地市	区、县	统称
山西	晋城市	阳城县	析城黄花菜
		沁水县	七须黄花菜
	忻州市	静乐县	静乐黄花菜
陕西	渭南市	大荔	大荔黄花菜
	西安市	高陵区	耿镇黄花菜
四川	达州市	渠县	渠县黄花菜
	巴中市	巴州区	大罗黄花菜
宁夏	吴忠市	红寺堡区	红寺堡黄花菜
		盐池县	盐池黄花菜
河南	周口市	淮阳县	淮阳黄花菜
		扶沟县	酱黄花菜
	新乡	延津县	肉丝黄花菜
福建	泉州市	德化县	德化黄花菜
	宁德市	周宁县	周宁黄花菜
	三明	大田	芳林黄花菜
	龙岩市	武平县	武平早
云南	大理州	大理市	下关黄花菜
	红河	建水县	建水黄花菜
山东	泰安市	新泰	汶南金芭蕾黄花菜
河北	张家口	沽源	沽源黄花菜
	保定	阜平	阜平黄花菜
江苏	宿迁	沭阳县	悦来黄花菜
		宿豫区	丁庄大菜

续表 9-1

省份/自治区	地市	区、县	统称
浙江	丽水	缙云县	缙云黄花菜
	台州市	仙居县	仙居黄花菜
	衢州市	龙游县	龙游红花菜
湖北	天门三市	竟陵区	
	随州	曾都区	随州黄花菜
	孝感市	汉川	汉川黄花菜
	恩施州	利川	利川黄花菜
江西	抚州市	崇仁县	崇仁黄花菜
	九江	都昌县	都昌黄花菜
贵州	毕节	黔西县	黔西黄花菜
内蒙古	赤峰	红山区	内蒙古黄花菜
	苏尼特右旗		苏尼特黄花菜
	内蒙古锡林郭勒盟西乌珠穆沁		西乌旗黄花菜
黑龙江	佳木斯	桦川县	佳木斯黄花菜
	伊春	西林	蒜香木耳黄花菜
	鸡西	滴道区	滴道黄花菜
辽宁	铁岭	清河区	铁岭黄花菜
广西	贺州	八步区	田螺黄花菜
广东	河源	紫金	紫金黄花菜
重庆	铜梁区	蒲吕镇	岚峰黄花菜
	璧山区		璧山黄花菜 大路黄花菜
	秀山县		秀山黄花菜
	黄山市	歙县	歙县黄花菜

第二节　我国其他部分产区黄花菜介绍

一、四川黄花菜

1. 渠县黄花菜——四川省达州市渠县

渠县黄花菜为地理标志保护产品、地理标志证明商标。

渠县黄花菜早在200年前，渠县的吴家场一带就已大面积种植，故称吴菜。渠县特产。种植面积达4万多亩。渠县黄花菜以其独特的7根花蕊，6～8瓣花瓣闻名，它色泽黄润鲜明、香味浓馥、肉质肥硕、条干粗长闻名全国。故又称“中国黄花菜之后”。

渠县黄花菜富含蛋白质、粗纤维、灰分、钙、磷、铁、胡萝卜素、硫胺酸、尼克酸、核黄素、维生素A、维生素B、维生素C、维生素E、硒及植物多糖等，具有消食、解毒、降血压、催乳、利尿、开胃、安神等功效。渠县黄花菜是筵席上的山珍佳肴。

2. 大罗黄花菜——四川省巴中市巴州区

大罗黄花为农产品地理标志产品。

大罗黄花是四川省巴中市巴州区大罗镇的特产。大罗黄花菜条丰润，色泽金黄鲜艳，肉质滋润，油分大，弹性强，香气纯正、浓郁，味道鲜脆可口。大罗黄花为国家农产品地理标志保护产品。

大罗镇黄花种植历史悠久，据史载，民国27年就开始种植黄花，20世纪70年代，黄花得到迅速发展，年产约4万千克，曾拍成纪录片《高举红旗抓住钢，大罗黄花分外香》在全国播放。改革开放后，这里的种植面积不断扩大，年产量达5.465万千克，曾被列入全省生产基地；20世纪后历史最高产量达30余万千克，收入300多万元。迄今，黄花在大罗镇的发展历史已有80余年。

巴州区东邻达州，南接南充，西抵广元，北接陕西汉中，东西长72千米，南北长62千米。幅员面积2 562平方千米，地理坐标为东经106°21′～107°7′，北纬31°31′～32°4′。最高海拔1 460米，最低海拔301米。大罗黄花最佳生长地域为大罗镇、鼎山镇、羊凤乡、凤溪乡、龙背乡、梁永镇等乡镇。

大罗黄花菜条丰润，色泽金黄鲜艳，肉质滋润，油分大，弹性强，香气纯正、浓郁，味道鲜脆可口。产品外观无异味、无冻害、无病虫害、无机械伤、无腐烂。大罗黄花营养物质丰富，尤其是品种“七根须黄花”，其花内长有雌雄一体的7根花须，品质特优，其蛋白质含量高，氨基酸含量丰富；胡萝卜素含量极高，维生素 B_2 的含量更是大于其他同类产品，并富含大量的矿物质，较国内其他地方如甘肃、湖南、省内渠县等地种植的“五根须”黄花的品质明显高出一筹。

2013 年，巴中市巴州区经作站申报的“大罗黄花”通过农业部农产品质量安全中心审查和组织专家评审，实施国家农产品地理标志登记保护。

大罗黄花原产于巴中市巴州区大罗乡，农产品地理标志地域保护范围包括巴州区境内大罗镇、鼎山镇、羊凤乡、凤溪乡、龙背乡、梁永镇、金碑乡、清江镇、兴文镇、水宁寺镇、曾口镇、三江镇、光辉乡、花溪乡、大和乡、化成镇、关渡乡、凌云乡、大茅坪镇等 19 个乡（镇）。地理坐标为东经 106°21′～107°7′，北纬 31°31′～32°4′，东邻通江、平昌县，南接仪陇县，西抵阆中、苍溪县，北接南江县。保护面积 15 000 公顷，年产量 6 万吨。

二、福建黄花菜

德化黄花菜——福建省泉州市德化县

德化黄花菜为农产品地理标志产品。

德化黄花菜（又称金针菜、萱草、忘忧草、鹿葱花、宜男花等）地理标志地域保护范围包括德化县春美乡、大铭乡、汤头乡、上涌镇、龙浔镇等 18 个镇乡。德化县位于福建中部，大樟溪上游，泉州市北面。介于东经 117°56′～118°33′，北纬 25°23′～25°57′之间。东与福州市永泰县、莆田市仙游县界连，南与永春县毗邻，西与三明市大田县接壤，北与三明市尤溪县相邻。全县总面积 2 219. 72 平方千米。黄花菜总生产面积 2 000 公顷，总产量 160 万千克，干品产量 20 万千克，总产值 800 万元。

三、山东黄花菜

汶南“金芭蕾”黄花菜——山东省泰安市新泰

“金芭蕾”黄花菜原产于新泰市汶南镇，种植历史已达 100 余年，并由原来的堰边种植转到大田种植为主，又经过选优后实施设施栽培。新泰汶南黄花菜具有悠久的栽培历史。200 年前，青云山、太平山山下的农民就开始引种栽植“山针针”，对于护堰和水土保持都起到过积极作用。近年来，当地农民对黄花菜的食用价值又有了新的认识，采用提纯、复壮、选优、移植等措施，使黄花菜得到了有效开发。其中，汶南 1 号、汶南 2 号都是当地传统优良品种，色泽、气味、形状都优于其他品种。每百克黄花菜含抗坏血酸 33 毫克、尼克酸 1. 1 毫克、胡萝卜素 1. 17 毫克、核黄素 0. 13 毫克、硫胺素 0. 19 毫克、钙 73 毫克、铁 1. 4 毫克、蛋白质 2. 9 克、脂肪 0. 5 克、糖 11. 6 克，具有清脑益智、消肿利尿、止血和防癌抗癌等多种药用价值。

改革开放以来，新泰市汶南镇党委、政府高度重视黄花菜的综合开发，把其作为挖掘资源优势，加快农村致富奔小康的重要措施来抓，在种植规模上由原来的堰边栽植发展到了大田栽培。1998 年，该镇被中国特产经济专业委员会评为中国黄花菜第一镇，并注册了绿色食品商标——“金芭蕾”牌。2000 年种植面积 1.05 万亩，亩产鲜花 1 000～1 500 千克。

四、河北黄花菜

沽源黄花菜——河北省张家口市沽源

沽源黄花菜是河北省张家口市沽源县的特产。沽源黄花菜用它作汤，汤鲜味美；用它下酒，酒香菜甜，开胃提神。黄花入药，具有健胃、利尿、通乳、消肿、止痛等功能。

五、江苏黄花菜

悦来黄花菜——江苏省宿迁市沭阳县

悦来黄花菜是江苏省宿迁市沭阳县悦来镇的特产。悦来镇种植金针菜（又称黄花菜）已有 200 多年的历史，现有金针菜 8 500 亩，产量 10 万千克左右。

悦来镇名字由来。太平天国时期，大地主叶小香带领族人和佃户长工迁至淮安府沭阳县的一片岗土地上，筑圩而居。取“近者悦，远者来”之意，将该地命名为“悦来圩”。后命名为悦来乡，2000 年仇和书记任上撤乡建镇名为悦来镇。是著名的金针菜（黄花菜）之乡。

六、浙江黄花菜

1. 缙云黄花菜——浙江省丽水缙云县

缙云黄花菜是浙江省丽水缙云的特产，缙云黄花菜栽培历史在600年以上，是我国传统的孝敬父母、馈赠亲友的礼品。据资料，在元代即已种植，清康熙年间已成为该县主要土产之一。缙云黄花菜以蟠龙种为最佳，黄花菜干品为淡黄色或金黄色条状，有光泽、肉质丰厚，营养丰富，含18种氨基酸。具有清热解毒、安神健胃、活血利尿消肿等效用，是家庭食用佳品。黄花菜的花、根、叶均可入药，可治肝炎、水肿、扭伤腰痛，防晕船、呕吐，对于失眠症、妇女催乳也有较好作用。仙都牌花菜，又名安神菜，严格按照AA级绿色食品NY/T 39标准的要求栽培而成，具有“观为花，食为菜，用为药”的美称，其本性凉，味甘。每100克黄花菜中含蛋白质4.2克，钙73毫克，磷68毫克，及铁、胡萝卜、维生素C、花粉、脂脑、糖等。因其富含花粉，常吃能维护和增强机体各系统的功能，且能美容乌发。主要用于胸膈烦热、夜卧不安、乳汁不下，黄疸肝炎，痔疮下血，智力减退及保健抗衰老等。产品主销我国东南沿海城市和港澳地区及东南亚各国，获浙江省农业博览会金奖。

2. 仙居黄花菜——浙江省台州市仙居县

产品名称：仙居黄花菜。

产品产地：浙江仙居。

产品特性：早熟、抗病、丰产、优质。

产品简介：仙居黄花菜产于浙江省仙居县。地处浙南丘陵山区，土壤以沙土为主，气候温暖湿润，雨量充沛，其种植黄花菜已达 300 余年，传统优良品种为仙居花，适应性广，抗逆性强，根系发达，耐旱、耐瘠，适宜山地种植，具有早熟、抗病、丰产、优质等特点。

七、湖北黄花菜

1. 随州黄花菜——湖北省随州市曾都区

随州曾都区隐抱寺一带，产野生黄花菜，1958 年由野黄花菜转入人工栽培。1967 年后，先后从湖南祁东、益阳、山西大同、陕西大荔、山东聊城、江苏泗阳、安徽嘉山等地陆续引进良种，再度发展，后又采取“自采自育、切片育苗、老兜繁衍”，发展甚快，全区以均川、万和镇为主产，洪山、柳林、长岗、何店、淅河、万店、封江等乡镇均有大量栽培，年产干品百万千克。畅销武汉、北京等 10 余个省、市。

2. 汉川庙头黄花菜——湖北省孝感市汉川

庙头黄花为地理标志证明商标。

汉川黄花菜的种植面积达 20 000 亩，分布在庙头、城隍、分水、华严、沉湖等地，年产量达 32.5 万余千克，其中，素有“三花之称”美誉的庙头镇，所产黄花以花形象俊雅，清香宜人，色鲜味美而闻名海内外，据《庙头志》载：“庙头黄花，始种于隋，为历代宫廷御膳、健脑、强身、养颜之贡品”。唐代诗人白居易云游庙头留有：“杜康能解闷，宣草能忘忧”的千古绝句。汉川黄花运用“现代杀青”“气候干燥”“气调保持”等国内外领先技术工艺，对黄花菜进行精制加工，产品质量达到国际先进水平，所产“巨龙牌”黄花获“99中国国际农业博览会名牌产品”荣誉称号，产品畅销全国50多个大中城市及港台、东南亚市场。

3. 利川黄花菜——湖北省恩施州利川

利川种植黄花近万亩，年产500吨左右，以其色泽金黄、油润、根条整齐、品质优良，深受消费者青睐。

八、重庆黄花菜

1. 岚峰黄花菜——重庆铜梁区蒲吕镇

岚峰黄花是重庆铜梁蒲吕镇的特产。岚峰山峰峦叠翠，山上终年云雾缭绕。黄花种植在该镇已有400多年历史，在1984年国家商业部举办的展评会上，岚峰黄花争奇斗妍，荣登部优产品榜而享誉海内外。

2. 大路黄花菜——重庆璧山区

大路黄花为地理标志证明商标。

大路黄花是重庆璧山县大路街道办事处的特产。大路黄花因色泽鲜亮、香气馥郁、肉头肥厚，花蕊由最先引进时的四雌一雄改变为六雌一雄，因而得名为“七蕊黄花”。据悉，大路街道的黄花种植面积已达到1万亩，种植、加工产业链也在逐步形成，有效带动了当地居民增收。

3. 秀山黄花菜——重庆秀山县

秀山黄花为地理标志证明商标。

清朝康熙年间，县志中就把秀山黄花列为本县主要土特产。目前，全县黄花面积达到13 800亩，并购置了烘干设备进行初加工，再经过包装后对外销售，秀山黄花产业链条逐步形成。

秀山黄花以本地品种四月花为主，产量高、质量好、抗病力强，系全国优良品种。据分析，秀山黄花每百克含蛋白质14.1克，脂肪1.1克，碳水化合物62.6克，钙463毫克，磷173毫克，以及多种维生素，特别是胡萝卜素的含量为丰富，干品每百克含量达3.44毫克，因其具有极高的营养价值，秀山黄花得到了极好的赞誉。

秀山黄花1958年10月在全国广交会上评为第二名优质农产品称号，1976年全国黄花质量评比第一名，1978年原四川省黄花质量评比第一名，2002年1月在重庆首届订单农业暨优质农产品展示展销会上，深受广大消费者欢迎，产品被抢售一空。